4차 산업혁명
문제는 과학이야

MID

4차 산업혁명에 숨겨진 과학의 원리들

박재용, 서검교, 윤신영, 임창환 지음
MID 사이언스 트렌드 엮음

SCIENCE

$E=MC^2$

4차 산업혁명
문제는 과학이야

MID

4차 산업혁명을 만드는
과학의 원리를 찾아라

4차 산업혁명의 문제는 결국 과학이다.

'4차 산업혁명'의 시대다. 인공지능 등의 기술 발전으로 인간의 삶에 근본적인 변화가 올 것이라는 전망이 쏟아지고 있다. 그러나 4차 산업혁명이 정확히 무엇이냐고 물었을 때, "나는 4차 산업혁명이 무엇인지 알아!"라고 자신있게 설명할 수 있는 이를 쉽게 찾아보기는 어렵다. 무엇이 4차 산업혁명이며, 이로 인해 어떤 변화가 펼쳐질지 구체적으로 생각해 본 경험이 없기 때문이다.

4차 산업혁명에 대한 기존의 이야기들은 비즈니스와 라이프스타일에 초점을 맞춘 내용이 대부분이었다. 하지만 포털 사이트에서 4차 산업혁명의 정의를 찾아보면 다음과 같이 풀이한다. "인공지능, 로봇기술, 생명과학 및 정보통신기술의 융합으로 이뤄지는 차세대 산업혁명." 그렇다. 4차 산업혁명은 현재와 미래의 첨단 과학기술이 만든다. 그러나 평소 4차 산업혁명을 논하는 곳에서 과학을 찾기란 쉽지 않은 일이다.

책 제목 그대로 4차 산업혁명은 결국 과학의 문제다. 4차 산업혁명을 현장에서 이끄는 이들은 분명 지금 이 시간에도 과학기술을 끊임없이 연구하고 개발하는 사람들이다. 그래서 과학의 관점에서, 과학이 만든 4차 산업혁명의 이야기를 나눠보면 좋겠다고 생각했다. 이를 위해 지난 여름부터 MID출판사의 주요 과학저자 및 전문가들과 함께 늦은 시간까지 토론하며 4차 산업혁명의 핵심 과학 이슈들을 정리했다.

이 책은 인공지능이 현재 사람의 일을 어디까지 대신하는지, 신기술이 조합된 도시에서 우리는 얼마나 편리하게 살 수 있을지, 4차 산업혁명이 현실화된 곳에서 어떤 역량을 갖추는 것이 좋을지 등에 대한 과학 전문가들의 시선을 담고자 노력했다. 편집자의 입장에서 그 과정에서 나눴던 많은 이야기와, 유쾌하지만 진지했던 대화들을 모두 담아낼 수 없다는 점이 유일한 아쉬움으로 남는다. 과학에 대한 애정으로 함께 해 주신 박재용 작가님, 서검교 교수님, 윤신영 기자님, 임창환 교수님께 깊은 감사를 드린다. 또 자문과 검수로 도움을 주신 김철민 선생님과 김동출 박사님께도 감사의 말씀을 전한다.

독자분들에게 이 책이 4차 산업혁명의 근간이 되는 과학기술은 무엇인지, 또 그 기술이 어떻게 삶을 바꾸고 있는지 쉽게, 그리고 재미있게 이해할 수 있는 기회가 되길 바란다. 4차 산업혁명에 숨겨진 인공지능, 자율주행, 스마트팩토리, 스마트시티, 스마트팜, 유전자 기술, 에너지 기술 등의 개념을 통해 4차 산업혁명의 작동원리를 쉽게 파악할 수 있을 것이다. 또한 변화하는 시대를 위해 무엇을 준비하고 학습해야 하는지 생각해 볼 수 있는 기회가 되어줄 것이다.

MID 사이언스 트렌드 팀

" 4차 산업혁명을 과학으로 해석하다 "

임창환 / 뇌공학자

"산업혁명이 처음 시작되면서 인간이 하던 노동 중 많은 부분이 기계가 하는 노동으로 대체됐다. 이후 2차와 3차로 넘어가면서 일어난 가장 큰 변화는 생산과정에서 인간의 비중이 점점 줄어들었다는 사실이다. 3차와 4차를 나눌 때에는 더 중요한 차이가 있다. 3차 산업혁명까지는 생산 과정을 통제하는 주체가 여전히 인간이지만 4차 산업혁명 시대에는 그 역할마저도 기계가 담당하게 될 것이다."

윤신영 / 과학전문기자

"이제는 자동화를 구현하고 원격조종을 통해 원하는 목적을 달성하는 장치를 모두 로봇이라고 한다. 우리가 미디어에서 주로 보는, 사람 형상의 스스로 움직이는 기계만 로봇이 아닌 세상이다. 전통적인 로봇을 만드는 사람들은 이를 좋아하지 않는다. 현재 널리 쓰이는 로봇을 내가 자동화를 위한 기계라고 바꿔 부르는 데에는 그 분들을 향한 배려도 있다."

서검교 / 수학자

"각 산업혁명의 뒤에는 모두 수학이 자리하고 있다. 1차와 2차 산업혁명의 주역인 물리와 화학도 이를 뒷받침하는 수학이 있었기에 발달했으며, 3차 산업혁명에서의 컴퓨터 발명 또한 수학적 알고리즘을 토대로 한 논리 구조가 핵심적인 역할을 하였다. 4차 산업혁명에서의 빅데이터 역시 그 속에서 유의미한 데이터를 뽑아내기 위해서는 수학적 방법이 필수로 요구된다."

박재용 / 과학저술가

"4차 산업혁명 시대에 인공지능이 도입되는 과정에서 대규모 실직이 발생할 것이다. 이 이익을 얻는 회사와 사회가 이 부분에 대한 책임을 져야 한다. 혁신이 사회에 가져올 부작용과 피해는 이익을 볼 사람들이 일정한 몫을 나눠 부담해야 한다. 자본의 논리만 가지고 프레임을 고정하지 말고 경제논리의 패러다임을 바꿔 생각해 봐야 한다."

차례

**"I never think of the future.
It comes soon enough."**

"나는 미래에 대해서는 결코 생각하지 않는다.
미래는 곧 현실로 다가올 테니 말이다."

알버트 아인슈타인 Albert Einstein

1장
4차 산업혁명은
과연 존재하는가?

산업혁명을 이끈
과학기술들

4차 산업혁명이란 무엇일까? 우리는 인공지능, 사물인터넷, 빅데이터 등 첨단 정보통신기술이 경제 및 사회 전반에 들어와 혁신적인 변화를 일으키는 시대에 살고 있다. 하지만 과연 이 변화가 네 번째 '혁명'으로 불릴 만큼 인류의 삶을 근본적으로 바꾸고 있을까? 혹자는 "4차 산업혁명은 사람들이 만든 일종의 프레임"이라고 말한다. 또 누군가는 "4차 산업혁명은 실체가 없는 구호일 뿐"이라 평가 절하하기도 한다. 하지만 분명한 것은, 우리가 지금과는 무언가 다른 변화의 초입에 서 있다는 점이다. 이 시기를 혁명의 시기로 규정하고 또 이에 적응하려면 우리는 먼저 산업혁명을 이뤄낸 근간, 다시 말해 그 안에 숨겨진 과학기술에 대해 이해하지 않으면 안 된다. 모든 일상의 혁명에는 새로운 과학과 기술이 담겨 있기 때문이다.

4차 산업혁명 이전의 산업혁명

세계경제포럼WEF의 클라우스 슈밥Klaus Schwab 회장이 처음 언급한 4차 산업혁명은 앞서 일어난 3번의 산업혁명을 기반으로 하고 있다. 4차 산업혁명에 대해 알아보기 전에, 산업혁명이 4차에까지 이르게 된 배경을 먼저 살펴보도록 하자.

구분에 따르면 1차 산업혁명은 18세기 증기기관을 기반으로 한 기계화 혁명이다. 증기기관은 영국의 섬유공업을 공장화 시켰으며 동시에 도시화를 가속시켰다. 기존의 증기기관을 개량, 상용화 한 제임스 와트James Watt의 증기기관은 수력을 사용하던 영국의 면직물 공장의 새로운 동력원으로 자리 잡았다. 이는 증기기관차와 광산, 제철 공업을 발전시켰고 이 과정에서 수력을 얻기 위해 강가로 한정되었던 공장의 입지 제한이 풀리게 되었다. 그 결과로 도시화가 가속되었고, 생산력이 폭발적으로 증가했으며, 무기산업이 발달하면서 서양 제국주의가 성립하게 되었다.

2차 산업혁명은 19세기 말~20세기 초 전기에너지 기반의 대량생산체제를 이끈 혁명이다. 2차 산업혁명을 상징하는 변화는 컨베이어벨트conveyer belt이다. 공장에 전기가 들어오면서 컨베이어벨트를 이용한 대량생산이 가능해진 것이다. 그리고 전화와 라디오 등이 등장하면서 통신과 미디어가 생활 깊숙이 들어오게 된다. 우리에게 없어서는 안 될 전기와 통신, 화학공업 등 역시 모두 이 시기에 발달한 산물이다.

3차 산업혁명은 20세기 후반, 좀 더 정확히는 1970년대에 벌어진 지식정보 혁명으로, 이 시기에는 컴퓨터와 인터넷, 반도체 기술과 모바일 기술의 일부가 태동하고 발전했다. IT기업이라는 새로운 형태의 글로벌 기업 역시 이때 탄생했다.

4차 산업혁명 시대란 2015년을 전후로 인공지능과 사물인터넷 등을 기반으로 한, 사람과 사물 그리고 공간이 하나로 '연결'되는 초연결 사회이자 초지능의 시대다. 연결이라는 특이성 때문에 4차 산업혁명을 또 하나의 산업구조 및 사회구조의 혁명으로 구분해야 한다는 시각이 지배적이다.

누군가는 4차 산업혁명이라고 명명하는 일이 후세의 일이지 현재를 사는 사람들의 일은 아니라고 말하기도 한다. 하지만 4차 산업혁명이 도래한 후 변화에 대한 고민을 시작한다면 이에 대한 대응이 늦을 수 있다. 또 미래는 그렇게 될 것이라는 '믿음'을 가지고 밀어붙이는 사람들이 차지하는 것이다. 이런 면에서 바라볼 때 4차 산업혁명에 대해 미리 고민해 볼 가치는 충분하다.[A]

각 산업혁명의 의의

세계사의 관점에서 볼 때 1차 산업혁명은 봉건주의체제에서 자본주의체제로 사회체제가 완전히 바뀐 대사건이었다. 사회 주도권을 지닌 상류층이 토지를 중심으로 한 영주와 귀

산업혁명을 견인한 기술공학의 영향력B)

1차 산업혁명	2차 산업혁명	3차 산업혁명	4차 산업혁명
18세기 중~	19세기 후 ~20세기 초	20세기 후반~	2015년~
증기기관 기반의 기계화 혁명	전기에너지 기반의 대량생산 혁명	컴퓨터와 인터넷 기반의 지식정보 혁명	IoT/인공지능 기반의 만물초지능 혁명
노동의 기계 및 공장제 도입과 자본계급의 등장	컨베이어벨트를 이용한 대량생산 및 작업 표준화와 분업 발달	ICT 중심의 인터넷과 모바일 확산 및 글로벌 공정시대 도래	사람·사물·공간을 초지능화 한 사회문화시스템 도래

족에서 상업 및 산업을 기반으로 하는 자본가들로 바뀌었다. 피지배계급도 농사를 짓던 농노에서 공장에서 일하는 노동자로 그 대상이 달라졌다. 그야말로 사회가 뒤집어진 것이다.

한편 2차에서 4차에 이르는 다른 산업혁명 또한 사회체제를 변화시켰냐고 묻는다면 그렇지는 않다. 그러나 각각의 산업혁명의 근간이 되는 기술혁신이 자본주의체제 내에서 큰 변화를 만들어 낸 것은 맞다. 특히 2차 산업혁명은 분산되어 있던 공업구조와 산업구조를 대공장 방식으로 탈바꿈시켰다. 또 식민경제의 등장으로 유럽 일부에서만 쓰이던 생산 방식이 전체 식민지로 도입되었다. 이렇게 전 지구적으로 자본주의를 일으켰다는 점에서 2차 산업혁명은 분명 의미가 크다.

3차와 4차 산업혁명은 고용 없는 성장을 만들었다. 인간이

산업혁명 시대별 영향과 인재상[1]

	기술	사회에 미친 영향	인재상
1차 산업혁명	기계화	1인당 생산량 8배 늘림으로 제품값 폭락, 무역 증가, 기계의 일상생활 도입, 기대수명 증가, 부의 증가	기계숙련도가 높은 사람
2차 산업혁명	대량 생산화	근육이 아닌 지식 위주의 사회로 전향, 잉여시간의 확대, 공장화, 부/건강/수명의 확대	기초교육(읽기, 수학 등)이 잘 되어 있는 사람
3차 산업혁명	디지털화	원격조종이 가능해짐, 제조업의 효율성 증대, 기술과 정보의 중요성 확대	기초교육 및 IT기술교육이 잘 되어 있는 사람
4차 산업혁명	초연결화	소규모 생산으로 돌아감, 생산과정의 민주화, 권력의 분산화, 혁신경쟁	창의적이고 유연한 사람

생산라인에서 배제되기 시작한 것이다. 이전까지의 세계는 생산규모가 커질수록 고용인력도 증가하는 구조였다. 그러나 정보통신의 발달과 공장 자동화는 경제규모와 고용 사이의 관계가 일치하지 않을 수도 있다는 사실을 보여주었다. 공장의 기계화 및 자동화로 생산 규모는 커졌으나 고용 인력은 생각보다 증가하지 않았다. 때문에 인공지능을 중심으로 한 4차 기술혁신을 주목하고, 이를 산업혁명으로 규정하고자 한다면 이것이 만들어 낼 새로운 변화와 그 파급력에 대해 좀 더 면밀히 살펴볼 필요가 있다.

과학이 만든 산업혁명의 역사

증기기관이 만들어 낸 1차 산업혁명부터 인공지능이 대두되고 있는 오늘날의 4차 산업혁명까지, 혁명의 발생 과정은 과학기술의 발달사와 정확히 일치한다. 1차는 물리학의 발달이었으며 2차는 화학 및 공학의 발달이었다. 3차는 컴퓨터의 대중화와 인터넷 보급이 그 몫을 해냈다. 4차 산업혁명의 주요 키워드는 단연 인공지능과 빅데이터다. 이 모든 것은 수학과 과학 그리고 공학의 발전 없이는 애당초 불가능한 일이었다.

1차 산업혁명의 일등 공신으로 활약한 증기기관의 발명과 발전은 열역학의 발전과 그 궤를 같이 한다. 증기의 힘을 이용하는 기관은 이미 BC 120년 경 그리스 수학자 헤론Heron의 '아에올리스의 공Aeolipile'이 기록으로 남아 있다. 영국에서는 1698년 세이버리Thomas Savery의 증기응축을 이용한 펌프, 1712년 뉴커먼Thomas Newcomen의 대기압 증기기관이 개발, 사용되었다. 글래스고 대학의 수학기구 제작자로 일하던 제임스 와트는 1763년 이 뉴커먼의 증기기관 수리를 계기로 연구를 거듭해 이를 개량한 증기기관으로 1769년에 특허를 받았고, 1776년 완전하게 상용화시켜 이를 공장의 새로운 동력원으로 만들었다. 이 사건은 당시 첨단 과학이 연구되는 현장에서 아이디어를 얻어 이를 기술에 적용하고, 이것이 다시 과학의 발전에 영향을 끼쳤다는 점에서 특별한 의미를 가진다.

2차 산업혁명은 전기역학과 화학의 공학적 응용에 힘입은 바가 크다. 포디즘Fordism으로 대표되는 컨베이어벨트 기반의 대량생산 체제는 정밀한 공정 제어를 바탕으로 한다. 여기서 이 컨베이어벨트를 구동하는 모터는 전기 에너지를 사용하여야만 한다. 공장의 동력원이 전기 에너지로 바뀌게 된 것이다. 제임스 맥스웰James Maxwell의 맥스웰 방정식으로 완성된 전자기학이 2차 산업혁명의 가속화에 큰 역할을 하였다. 전자기학을 바탕으로 발전기와 모터가 발명되어 대규모 공장을 가동시킬 수 있게 되었고, 전기 통신도 이뤄지게 된 것이다. 맥스웰은 전기장과 자기장과의 관계 및 빛의 운동 방정식을 통해 전자기파를 발견해 내면서 무선통신까지 가능하게 하였다.[2]

포디즘에는 수학적 배경이 숨어있다. 가내수공업의 경우 장인 한 사람이 주문을 받고 하나의 제품에 들어갈 재료를 순서대로 조립해 납품하면 되기 때문에 머릿속에 복잡한 경우의 수를 담아가며 일할 필요가 없다. 그러나 여러 제품을 동시다발적으로 생산해 각지에 납품해야 하는 공장은 사정이 다르다. 특히 대량생산을 하는 공장에서는 일부분이라도 문제가 생기면 그 문제가 해결될 때까지 나머지 생산라인의 충돌을 피하기 위해 복합적인 조치가 필요하다. 이런 변수는 주문이 넘쳐날 때와 모자랄 때의 운행 속도 조절 문제나 특정 부품의 납품 지연 문제로도 벌어질 여지가 충분하다. 결국은 하나의 공장이 한 명의 장인처럼 한 몸으로 움직여야 언제 터질지 모를 변수에 따른 부작용을 최소화할 수 있는 것이다.

2차 산업혁명에는 화학공업도 중요한 역할을 했다. 19세기 들어 유럽은 폭발적인 인구 증가로 인해 심각한 식량문제를 겪게 되었다. 식량 생산이 거듭되자 식물의 생장에 필수적인 역할을 하는 토양의 질소화합물 양이 줄어들었고, 더 이상 증산이 불가능한 상황에 빠졌다. 과학자들은 이 문제를 해결하기 위해 토양에서 질소화합물로 변화 가능한 암모니아를 합성하려 했다. 이때까지 인간의 암모니아 합성법은 소변 속의 요소가 자연 분해될 때를 기다리는 것이었다. 그러나 1905년 독일의 하버Fritz Haber가 1,000℃에서 철을 촉매로 질소와 수소로부터 암모니아를 합성하는 데 성공했고, 추가 연구를 통해 500℃에서 오스뮴을 촉매로 암모니아를 합성하게 되었다. 드디어 인공 합성 비료가 탄생한 것이다.

화학공업의 발전으로 말미암아 등장한 화학비료의 합성은 식량 생산을 대폭 증가시켰으며 이는 곧 국제 정세에 엄청난 영향을 미쳤다. 그리고 이를 기반으로 암모니아나 황산을 생산하는 공업뿐만 아니라 석유화학 역시 발달했다. 플라스틱도 이때 탄생했다. 20세기를 화학의 세기라고도 한다. 이 같은 발전은 대규모 산업화로 이어져 인간의 생활을 윤택하게 만들었다.

앞선 두 혁명이 하드웨어의 발달이었다면 3차와 4차는 소프트웨어의 발달과 이를 이끌어 낸 아이디어의 발달이 주효했다. 3차 산업혁명의 주역은 단연 인터넷과 컴퓨터이다. 컴퓨터의 발명은 수학적 알고리즘을 토대로 한 논리 구조의 성립이 없이는 불가능했다. 영국의 수학자 앨런 튜링Alan Turing은 알고리즘과 계산이라는 개념을 '튜링머신Turing Machine'이라는 구조적이고 기계적인 모델로 실체화했다. 또 모든 계산을 하나의 기계가 처리할 수 있도록 구현함으로써 컴퓨터를 만들고 보급하는 일이 가능해졌다.[3]

4차 산업혁명은 앞선 어떤 산업혁명보다도 수학과 밀접한 관련이 있다. 인공지능은 기존의 컴퓨터 프로그램과 확연히 다른 학습 시스템을 가지고 있다. 기존의 프로그램은 한 가지 상황에 대해 사람이 제시한 프로세스 그 수준 그대로 수행하는 것에 비해, 인공지능은 주어진 데이터와 경험한 데이터를 토대로 능력을 스스로 강화시키는 학습을 한다. 작은 의미에서는 알고리즘의 발달이지만 크게 보면 수학적 방법론 적용의 확장이라고 할 수 있다. 이를테면 선형회귀이론이 대표적이다. 선형회귀이론은 종속변수 y와 한 개 이상의 독립변수 x와의 선형 상관관계를 모델링하는 기법이다. 이를 이용하면 1차 방정식의 기본 꼴인 $y=ax+b$와 같이 x와 y 사이의 관계식을 만들어 낼 수 있다.

그러나 현실 세계는 1차원적인 관계식보다 훨씬 더 복잡하기 마련이다. 변수도 많고, 예측 불가능한 요소도 많은 데이터들 속에서 규칙을 찾아내고, 앞으로의 추이를 더 잘 예측할 수 있도록 고안된 기술이 바로 인공지능 기법 중 하나인 딥러닝

Deep Learning이다. 딥러닝은 인간의 뇌를 흉내 낸 인공신경망을 여러 층으로 분리해 학습하는 인공지능 기법으로, 선형 함수보다 난해한 비선형 함수를 포함하고 있어 복잡한 데이터를 설명해 내는 데 탁월하다.[4)]

빅데이터 역시 수학에서 나온 한 분야이다. 데이터가 방대하다 보니, 위상수학이라는 공간적 수학기법을 사용하여 카테고리를 묶어 처리한다. 기술이 발달하면서 그 기술이 수행되는 과정에서 발생하는 수많은 데이터들이 어딘가에 계속 쌓이고 있다. 이를 어떻게 효율적으로 적절하게 뽑아내 활용할 수 있을지는 곧 어떤 알고리즘을 선택하는가에 달렸다. 자동화된 공장에서 양품과 불량품을 구별하는 것처럼 사용할 데이터와 버릴 데이터를 구분하기 위해서는 사용자가 원하는 방식에 맞게 알고리즘을 짜는 과정이 필요하다.

그럼 이제 산업혁명의 기준점을 정리해 보자. 1차와 2차 그리고 3차는 주로 생산 현장에서의 변화를 기준으로 구분했다. 1차 산업혁명 시대부터 노동의 주체는 점차 인간에서 기계로 변해갔다. 2차와 3차로 넘어가면서 가장 주목할 부분은 생산 과정에서 인간이 할 일이 점점 줄어들었다는 사실이다. 3차와 4차를 나눌 때에는 더 중요한 차이가 벌어진다. 3차까지는 생산현장을 통제하는 역할만큼은 모두 인간의 몫이었다. 그러나 4차 산업혁명 시대에는 생산현장의 제어마저도 인공지능과 사물인터넷 등의 기계가 담당하도록 변화하고 있다. 기존과 비교

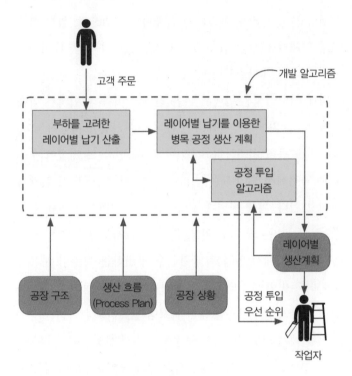

반도체 공장의 생산계획 및 통제 시스템[5]

하여 이 점은 분명히 큰 차이다. 물론 이와 같은 변화를 3차 산업혁명의 연장선으로 볼 것인지, 4차 산업혁명으로 구분할 만큼의 혁명적인 변화로 볼 것인지는 지켜볼 일이다.

4차 산업혁명의
세 가지 문제

인공지능, IoT 그리고 에너지

4차 산업혁명을 이끄는 과학기술 중 첫 번째는 단연 인공지능이다. 고용 종말과 같은 4차 산업혁명에 관한 모든 걱정거리가 여기서부터 출발한다. 우리는 인류 역사상 전례 없는 과도기에 살고 있다. 엄청난 양의 데이터가 수집되고, 이를 스스로 학습, 판단하여 처리하는 인공지능의 등장을 목격하고 있기 때문이다. 따라서 지금 이러한 변화가 몰고 올 파장을 예측하고 대비하려는 움직임은 자연스러운 일이다. 물론 처음부터 인공지능이 인간의 역할을 하나부터 열까지 모두 대신할 수는 없을 것이다. 또 인공감정을 가진 기계의 등장을 우려할 만큼 현재 인공지능의 수준이 그리 높지도 않다. 하지만 적어도 인간의 자리를 위협할 인공지능의 등장 가능성에 대해서는 한번쯤 생각해볼 만하다.○

이미 의료 현장에 투입되어 활동 중인 인공지능 암진단 프로그램 닥터 왓슨Watson for Oncology의 경우를 예로 들어보자. 닥터 왓슨의 진단은 인간 의료진 5~6명과 함께 '다학제 진료 시스템'에 참여하는 형식으로 이뤄진다. 추천, 강력 추천으로 제시되는 의견을 바탕으로 치료법을 결정하는 것은 인간이다. 인공지능의 오진율이 인간 의사보다 낮기는 하지만, 오진 가능성을 무시할 수는 없기 때문이다. 아직은 인공지능과 환자의 접촉을 매끄럽게 도와줄 사람이 필요하다. 물론 이 사람은 이 인공지능의 개발과 적용 과정에 참여하며 의학과 인공지능 모두에 소양이 있어야 한다. 생명을 다루는 것이 쉬운 일이 아니기에 인간과 협력해야 할 일이 여전히 많다. 인간과 인공지능이 서로를 보완해 줄 수 있는 서포터 또는 코디네이터의 역할로서 같이 나아가야 한다는 의미다. 모든 인공지능이 완벽해져서 인간의 삶에 온전히 자리 잡기 전까지 반드시 거쳐야 할 과정이다.

4차 산업혁명의 다음 문제는 IoTInternet of Things의 운용에서 발생한다. 사물인터넷으로 불리는 이 개념은 사람뿐만 아니라 모든 사물들이 인터넷으로 서로 연결된다는 것을 의미한다. 이때 IoT는 결국 네트워크를 통해 정보를 어떻게 효율적이고 안전하게 전달할지가 중요하다. 따라서 튼튼한 보안을 바탕으로, 정보를 위험으로부터 완벽히 컨트롤하는 기술이 필요하다. 예를 들어 드론으로 배달을 보낼 때 중간에 해킹을 당해 엉뚱한 곳으로 향하게 된다거나, 타인이 우리 집의 네트워크에 침입해 방의 보일러와 전등을 마음대로 조절하게 된다면 심각한 일이 될 것이기 때문이다.

엄청난 양의 데이터를 감당할 물리적 망의 구성 여부 역시 고려해야 한다. 통신망을 5G로 업그레이드 해야 하는 이유도 실은 IoT 때문이다. 사람만을 대상으로 하는 모바일은 현재의 4G로도 충분히 주파수상의 영역을 커버할 수 있다. 속도나 양이 문제가 아니라 데이터 요금이 문제일 뿐이다. 하지만 IoT가 본격화되면 현재 사람 간의 연결보다 몇백 배 많은 연결들을 설정할 수밖에 없다. 그것을 다 처리하기에는 4G가 벅찬 탓에 5G가 필요한 것이다.

에너지 문제 역시 4차 산업혁명이 불러올 문제로 인식된다. 에너지 문제는 생산과 전달 그리고 저장문제로 구분되는데, 이 중 저장의 중요성이 새로이 대두되고 있다. 아직까지도 인류는 전기에너지를 생산할 줄은 알지만 그것을 충분히 저장하는 방법을 찾지 못했다. 상용화 된 제일 앞선 결과물이 리튬배터리지만 여기서 한 발짝도 더 나가지 못하고 있다. 에너지를 전달하는 데에도 문제는 있다. 전기에너지는 발전소에서 각 사용처로 전달되는 도중에도 송전선을 지나며 유실되기 때문이다.

이와 같은 에너지의 생산과 저장, 전달 문제를 해결하려는 노력으로 신재생에너지와 스마트그리드Smart Grid, , ESSEnergy Storage System가 부상하고 있다. 신재생에너지는 햇빛, 물, 강수,

생물유기체 등을 재생이 가능한 에너지로 변환시켜 이용하는 에너지다. 신재생에너지는 화석연료에 비해 환경오염이 덜하다는 장점이 있지만, 문제는 예측 불가능성에 있다. 생산하는 시기와 소비하는 시기가 불일치하기 때문에 원하는 시간에 맞춰 원하는 만큼의 에너지를 얻기가 힘들다는 점에서 안정적이지 않다. 신재생에너지는 보통 지역단위의 소규모로 생산하는데, 이에 적합한 송배전 시스템을 개발해 이를 어떻게 효율적으로 전달하고 제어할 것인지도 중요하다.

이를 전반적으로 아우르기 위해 필요한 개념이 스마트그리드다. 스마트그리드란 전기 공급자 및 생산자들과 전기 사용자들이 연결되어 서로의 정보를 공유함으로써 보다 효과적으로 전기 공급을 관리할 수 있게 해 주는 서비스다. 전기와 정보통신 기술을 활용해 전력망을 지능화하여 고품질 전력서비스를 제공하고 에너지 이용 효율을 극대화한다. 그러므로 스마트그리드를 구축하면 가정에서도 직장에서도 각 단위별로 시간마다 전기를 얼마나 쓰고 있는지 실시간으로 계산할 수 있다. 이에 따라 공급량이나 단가를 계산해서 수요가 적을 때에는 전기요금을 낮추고 많을 때에는 값을 올릴 수 있다. 어딘가에 사고가 생겼을 때에도 전력을 어디로 우회하는 것이 가장 효과적일지 빠르게 파악할 수 있어 전기의 낭비는 줄이고 그 효율은 높일 수 있다.

4차 산업혁명 최대의 복병, 지구온난화

4차 산업혁명이 순조롭게 잘 이뤄진다 해도 지구온난화에서 비롯된 자연재해가 심각해지게 되면 인류는 또 다른 문제에 직면하게 된다. 폭염은 지구온난화가 가져다 줄 이상기후 중 가장 가벼운 것에 지나지 않는다. 앞으로 훨씬 심각한 기상이변 문제들이 일어날 가능성이 높은데, 문제는 이 임계점이 얼마 남지 않았다는 것이다.

지구온난화를 막는 가장 확실한 방법은 내일부터 당장 모든 공장의 문을 닫는 것이다. 그럴 수만 있다면 이산화탄소 증가에 따른 지구온난화 추이는 곧바로 더뎌질 수 있다. 그런데 어느 정도 시점이 지나면 우리가 공장에서 더 이상 이산화탄소를 만들어 내지 않아도 지구 스스로 온도가 올라가는 임계점에 도달해 버리고 만다. 이 임계점을 지나느냐 아니냐가 21세기 안에 결정날 것이다. 이미 임계점을 넘어섰다는 일부의 주장도 있다. 이를 막아낼 결단과 해결책이 절실히 필요한 상황이다.

4차 산업에는 더 많은 에너지가 필요하다

정보통신산업이라고 하면 흔히 굴뚝 없는 산업이니 환경오염과는 관련이 없다고 생각하기 쉽다. 그러나 이런 장밋빛 기대와는 달리, 4차 산업은 엄청난 에너지를 소비한다. 그리고

국내 데이터센터 전력 사용량
(단위: KWh) 자료: 그린피스, 통계청

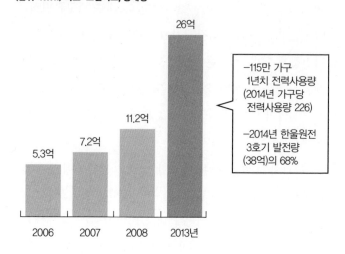

-115만 가구
1년치 전력사용량
(2014년 가구당
전력사용량 226)

-2014년 한울원전
3호기 발전량
(38억)의 68%

다른 산업에 비해 그 증가세 또한 급격하여 다른 산업과 비교
가 되지 않는다.

4차 산업의 에너지 사용량이 얼마나 큰가 하면 인터넷 서버
를 관리하는 인터넷 데이터센터Internet Data Center, IDC 100여 군데
가 발전소 하나가 생산하는 에너지의 2/3를 모두 소모할 정도
다. 실제로 지난 2013년 한 해 동안 네이버 데이터센터가 쓴
전력사용량만 5271만kWh에 이른다. 이는 곧 서버 운영에만 2
만 2352tCO$_2$(이산화탄소톤: 온실가스 배출량을 이산화탄소를 기
준으로 환산한 값)을 배출했다는 뜻이 된다. 이때 배출된 이산
화탄소의 양은 KTX를 이용해 서울과 부산을 17만 8천 번 오

갈 때 발생하는 것과 맞먹는다. 인터넷 검색을 한 번 할 때마다 이산화탄소 0.2g이 배출되는 셈이다.[6]

4차 산업혁명의 필수요소 중 하나인 IDC의 증가율은 매년 30~40%를 웃돈다. 그만큼 에너지 소비량도 급증한다. 반면 1~3차 산업은 그저 1년에 0.2~0.5%만 증가할 뿐이다. IT산업 자체가 산업에서 당장 차지하는 전체적인 양은 적다. 그렇지만 앞서 말한 것처럼 성장하는 속도가 엄청나기에 이를 제어하지 못하면 문제가 될 소지가 분명 크다. 그래서 현재 구글이나 아마존 그리고 마이크로소프트와 같이 클라우드컴퓨팅을 서비스하는 기업들은 어떻게 하면 에너지 소모를 최소화하고 신재생에너지로 이 문제를 해결할 수 있을지 고민하고 있다.

4차 산업혁명

1. 4차 산업혁명뿐만 아니라 1~3차 산업혁명도 모두 과학이 일으킨 기술 혁신이자 사회상을 점차 변화시킨 혁명이다. 특히 3차 산업혁명부터는 고용 없는 성장이 만들어졌으며 4차 산업혁명 시대부터는 생산현장의 제어마저도 인간의 몫에서 기계의 몫으로 뒤바뀐다.

2. 4차 산업혁명을 이끌 기술 세 가지는 인공지능, IoT 그리고 에너지다. 인공지능이 발달한 덕분에 기계가 좀 더 면밀하게 인간이 할 일을 대신하고 있으며, IoT를 통해 실시간으로 정보를 주고받으며 일처리를 훨씬 빠르게 효율적으로 해낸다. 에너지 관련 기술은 위 두 가지를 더욱 지속 가능한 기술로 가꾸기 위해 꼭 해결해야 한다.

3. 에너지가 특히 중요한 이유는 지구온난화 문제 때문이다. 이산화탄소를 더 생산했다가는 인류의 미래가 위험해진다. 한편 4차 산업 자체는 아이러니하게도 1~3차 산업에 비해 에너지 소모가 큰 산업이다. 4차 산업은 육성해야 하는데 에너지 소모량은 줄여야 하는 딜레마에 놓이게 된 것이다.

4차 산업혁명 시대는
양자컴퓨터의 시대

4차 산업혁명 시대에 빅데이터를 효과적으로 다루기 위해서는 현재보다 빠른 처리 속도를 지닌 컴퓨터가 필요하다. 따라서 양자컴퓨터quantum computer가 차세대 컴퓨터로 주목받고 있다.

양자컴퓨터는 말 그대로 양자역학에 기반을 둔 컴퓨터로, 기억소자의 스핀 중첩현상과 얽힘현상을 이용한다. 전통적인 실리콘 소자의 이진법 컴퓨터는 이진수를 기반으로 하기에, 0 아니면 1, 두 가지의 표현이 가능하다. 그래서 이것이 두 개가 있으면 2의 제곱으로 4가지를 표현할 수 있으며 2의 3제곱이면 8가지까지 표현이 가능하다. 이에 비해 양자컴퓨터는 하나의 소자, 즉 1개의 큐비트로 0과 1을 동시에 표현할 수 있다.

따라서 일반 컴퓨터의 2비트가 한 번에 표현할 수 있는 문자는 2개인 데 비해 2큐비트가 한 번에 표현할 수 있는 문자는 2^2로 4개가 된다. n비트와 n큐비트는 각각 n과 2^n개의 문자를 표현할 수 있다. 따라서 큐비트수가 증가할수록 일반 컴퓨터에 비해 동시에 훨씬 많은 계산을 수행할 수 있다.[1]

다시 말해 현재 쓰고 있는 모든 것들은 양자컴퓨터보다 훨씬 단순한 방법으로, 1개의 소자에 0이나 1만을 가지고 직렬로만 계산한다. 한편 양자컴퓨터는 1개의 소자에 중첩된 두 가지 상태를 한 번에 처리할 수 있다고 이해하면 쉽다. 지금까지 상용화된 단계는 4큐비트로 2^4=16가지를 한 번에 처리할 수 있다. 사실 이 정도로는 일반 컴퓨터와 비교해서도 큰 우위가 없다. 우리가 일반적으로 사용하는 컴퓨터가 64비트를 기준으로 하고 있기 때문이다.

그런데 왜 사람들은 복잡하기만 한 양자컴퓨터에 이렇게 많은 관심을 갖는 것일까? 이는 양자컴퓨터의 발전이 불러올 수많은 시스템의 변화 가능성 때문이다. 양자컴퓨터가 발전되면 여러가지 과학적, 공학적 난제의 해결과 빅데이터 해석, 암호의 해독이 가능하다. 특히 암호의 해독은 현재 한참 떠오르는 이슈이다.

컴퓨터에도 휴대전화에도 모든 시스템이 암호화되어 있는데, 이는 모두 수학적 모델을 바탕으로 하고 있다. 일반적으로 우리가 사용하는 암호는 대칭 방식으로, 정확히 맞는 비밀번호를 입력해야 암호화가 해제되는 방식이다. 그러나 시스템을 암호화할 때는 비대칭 방식이라는 방식을 사용한다. 이 방식은 큰 수 중에서 소인수 분해가 어려운 수를 이용해 큰 소수 두 개를 찾아내야만 암호를 해제할 수 있다.

2, 3, 5, 7 등 소수가 작을 때는 괜찮지만, 100자리나 되는 큰 소수 두 개를 주고 곱해서 합성수를 만든 뒤 이것을 인수분해

해 보라 하면 만드는 것보다 훨씬 시간이 오래 걸린다. 그 두 개를 찾는 과정 속에서 2로도 나눠보고 3으로도 나눠보며 시간이 쭉 흘러가는데, 이렇게 되면 논리회로를 처리하는 중 필요한 시간 안에 해결을 못하게 되는 문제가 생긴다.

암호 해독 과정을 다시 쉽게 말하자면 이런 식이다. 우리가 17×17을 알아내려면 순서대로 2, 3, 5, 7, 11, 13, 17로 일곱 번을 나누어 보고 소수를 찾을 수 있다. 그런데 만약 100자리 정도 되는 수의 소수를 찾으려면 100자리를 일일이 다 나눠봐야 한다. 이를 지금의 방식으로 풀려면 시간이 너무 오래 걸린다. 기존 컴퓨팅에서는 한 번에 하나의 숫자만 다룰 수 있기 때문이다.

이렇게 소인수를 분해하는 데 시간이 많이 걸린다는 점을 이용해서 컴퓨터의 암호시스템이 생겨났고 컴퓨터와 모바일의 보안 체제로 쓰였다. 현재의 암호시스템에 가장 적절하게 대처할 수 있는 것은 슈퍼컴퓨터다.

반면 양자컴퓨터는 암호를 해독할 때 하나하나씩 순서대로 시도하며 처리하는 방식이 아니다. 병렬로 중첩시켜서 시작할 수 있기 때문에 0과 1을 동시에 다룰 수 있다.[1] 처음 부분은 2부터, 다음 부분은 11부터, 다른 부분은 23부터 시작하는 등 동시에 여러 트랙으로 계산을 진행한다. 이러면 100자리가 된다 해도 각자가 열 번 정도씩만 계산을 처리하면 암호를 금방 해독해 낼 수 있다.

이렇기에 양자컴퓨터가 상용화되면 슈퍼컴퓨터와는 비교가 안 되는 속도로 암호를 순식간에 풀어낼 것이다. 그래서 앞으로는 암호시스템도 새로운 개념으로 다시 만들어야 한다. 기존의 알고리즘 자체가 완전히 폐기될 것이기에, 이를 대체할 새로운 알고리즘으로 나아가야 한다.

그러나 이 모든 것들이 한꺼번에 대체되지는 못할 것이다. 양자컴퓨터 자체가 비용이 비싸게 들기에 지금 쓰는 슈퍼컴퓨터를 대체하는 방식으로 도입이 시작될 것이다. 현재로는 IBM과 인텔이 50큐비트와 49큐비트의 양자컴퓨터를 개발했으며 구글 역시 비슷한 규모의 양자컴퓨터를 개발 중이다. 지금의 슈퍼컴퓨터를 대신해 양자컴퓨터로 전환되는 과정은 10~20년쯤은 더 걸릴 것이며, 21세기 말쯤은 지나서야 양자컴퓨터가 좀 더 범용적으로 쓰일 것이라 전문가들은 예측하고 있다.

2장

인공지능,
4차 산업혁명을 낳다

인공지능은 어떻게
사람처럼 생각할까

인공지능은 4차 산업혁명과 관련하여 빠르게 떠오른 키워드 중 하나이다. 인공지능이 주목받는 이유는 명확하다. 인간이 해 왔지만 싫어하거나 귀찮아하는, 그리고 잘 하지 못하는 일을 빠르고 정확하게 대신해 주기 때문이다. 그리고 인간의 능력으로는 하지 못하는 일을 할 수 있기 때문이다.

인공지능이라고 하면 먼 미래의 이야기 같지만, 사실 우리는 인터넷에서 이를 매일 접하고 있다. 인공지능은 생각보다 거창한 개념이 아니다. 개인별로 광고를 다르게 보여주는 시스템도 일종의 인공지능이다. 우리가 로그인 후 어떤 정보를 찾는지에 관한 데이터를 인공지능이 학습한 뒤, 그 결과에 따라 적합한 광고와 콘텐츠를 우리에게 보여주는 식이다. 번역도 마찬가지다. 해마다 발전을 거듭하는 네이버나 구글 번역기에도 인공지능이 들어가 있다. 이들의 발전 또한 데이터를 기반으로 기술이 점점 정교해지는 덕분이다.

인간의 필요가 만든 인공지능

은행 업무에 필요한 계산 도구는 이전의 주판에서 탁상용 계산기 그리고 엑셀로 발전했다. 사용하기에 편리하고 정확하며 또 효율적이라면 이러한 새 기술과 방법을 이용하게 되는 것은 자연스러운 순리다.

예를 들어보자. 변호사가 하는 일 중 70~80%는 판례를 찾는데에 있다. 지금까지는 적절한 판례를 찾으려면 단순한 키워드의 조합을 넘어 먼저 어떤 자료가 의미 있는지를 판단할 수 있어야 하기 때문에 인간이 일일이 판례의 적절성 여부를 확인하는 수밖에 없었다. 그러나 판례가 가지는 의미를 구별할 수 있는 인공지능이 있다면 이 일은 위임이 가능하다.

이런 필요를 바탕으로 개발된 인공지능 변호사는 국내에도 이미 도입됐다. 의뢰인이 이혼 소송에 관한 질문을 검색어 창에 입력하면 관련법이 중요도 순으로 나타나며 판례도 제시해준다. 주로 신문기사, 블로그 글, SNS 글 등을 대상으로 하던 자연어 처리를 법률에 최적화 및 특화한 점이 특징이다. 여기에 법률 추론 기술을 합치고 딥러닝 등 기술을 덧붙여서 판례를 학습하는 인공지능을 구축한 것이다. 이를 통해 하루가 넘게 걸리던 자료 수집 시간을 크게 줄이게 되었고, 의뢰인에게 정확한 법률 정보도 곧바로 알려줄 수 있게 되었다.[1]

이렇게 편리한 인공지능이 가져다 줄 미래를 부정적으로 보는 시각도 있다. 언젠가 인공지능이 인간의 지적 수준에 가깝게 발달하게 되면, 스스로 기계문명을 만들어 인류에 직접적인 위협을 줄 수도 있다는 가능성 때문이다. 이런 부정적인 시각에도 불구하고 기업이 인공지능을 계속 개발하는 까닭은 미래 산업 사회에서 인공지능이 곧 경쟁력이기 때문이다. 이는 일종의 생존을 위한 경쟁이다. 경쟁사가 인공지능을 통해 생산성을 높이고 있는 것을 보고만 있을 수는 없기 때문이다.

인공지능은 인간의 지능을 모방하는 것일까?

인공지능이란 인간이 하는 지적 능력의 일부 혹은 전체를 인공적으로 구현해 낸 것이다. 혹자는 인공지능이 인간의 사고방식을 흉내 내고 모방하는 것이라고 정의하기도 한다. 적어도 현재까지의 인공지능 기술을 보면 자신의 약점과 한계를 극복하기 위해 여전히 인간의 지능을 이상적인 모델로 삼고 있다. 인간의 지능이 인공지능이 모사하고자 하는 이상적인 목표 시스템으로 손색이 없다는 의견도 있다.[2]

그런데 인간의 지능은 정량화는 물론 정성화하기도 어려운 요소들이 많다. 때로는 0에서부터 다시 시작하기도 하고, 포기하고 잠시 쉬었다가 새로운 영감이 떠오를 때까지 기다리기도 한다. 이런 미적인 평가, 감정, 영감과 같은 창작 과정을 포함하는 인간의 지능 요소들을 인공지능이 과연 완전히 모방할 수 있을지에 대해 의구심을 보이는 견해도 물론 있다.[3]

흉내나 모방이라는 표현에는 조금 색다른 반론도 가능하다. 인간의 지적 능력에 인공지능과는 본질적으로 다른 무언가가 있다고 하는 경우라면 모방이라고 할 만하다. 그런데 훗날 발전을 거듭한 인공지능의 일부 영역이 인간과 비교했을 때 별 차이가 나지 않는다면 어떨까? 내부 구조와 상관 없이 우리는 이 둘을 동등하다고 볼 수도 있다. 이 순간부터는 누가 누구를 흉내 내고 모방한다고 할지조차 모호해질 것이다.

인공지능이 일정한 프로세스를 거쳐 만든 결과가 인간의 그것과 동일하다면, 인공지능의 결과물을 모방이라고만 말할 수는 없을 것이다. 지능과 감성이라는 요소가 인간에게만 있는 특별한 것이 아니라면, 인간의 차원을 무조건 우위로 놓고 볼 수는 없기 때문이다.

데이비드 린든David Linden은 『우연한 마음』에서 우리의 뇌를 덕지덕지 쌓아올린 아이스크림 콘에 비유하며, 인간의 뇌가 만들어진 우연하고도 불완전한 과정을 설명했다. 그는 뇌가 "최적화된 범용 문제를 해결하는 기계가 아닌, 수백만 년에 걸친 진화의 과정에서 쌓인 임시변통의 해결책들이 뒤섞여 형성된 기묘한 덩어리"라고 주장한다. 특별한 방향성을 갖지 않아도 그때그때 부분적인 문제점에 대처하면서 가지를 뻗어 나가다 보면 어떤 문제를 해결하는 데 탁월한 장치를 만드는 결과를 낳을 수 있다.[A] 인공지능도 이와 크게 다르지는 않다.

이렇듯 인공지능의 정의가 다양하면서도 명료하지 않은 것은 우리가 지능 그 자체에 대해 정확히 알지 못하기 때문이다. 그러니 급히 서두르기 보다 우리가 아는 부분에 맞춰 응용하는 것부터 천천히 시작하면 된다. 우리가 인공지능에게 맡기고 싶은 부분을 인공지능이 해 주기만 하면 되듯이 말이다.

무엇이 인공지능인가?

인공지능에 사람들이 너무 열광하는 나머지 인공지능이 아닌 것도 인공지능처럼 느껴지는 경우가 종종 있다. 예를 들어 현관에 자동으로 불이 켜지는 시스템이 있다. 그러나 여기에는 인공지능이 필요 없다. 그저 사람을 인식하는 센서가 작동했을 뿐이다. 그러나 우리는 이를 두고 마치 집이 우리를 알아본다고 느낄 수도 있다.

자동차의 센서가 위험요소를 감지했을 때 특정 동작을 통해 위험을 피하는 것 역시 인공지능이 아니다. 아주 간단하고 1차적인 자극 및 반응 회로에 불과하다. 센서에 의한 기계의 동작은 햇빛에 눈이 부실 때 눈이 감기는 것과 본질적으로 차이가 없다. 이에 비해 인공지능은 학습이라는 차별적 핵심 요소를 가지고 있다. 초기 인공지능이 기계학습으로 개와 고양이를 구분하던 과정을 살펴보자.

먼저 인공지능이 개와 고양이를 분류할 수 있도록 개발자가 개와 고양이의 얼굴에서 차이가 날 만한 부분을 컴퓨터에 미리 가르쳐 준다. 예를 들면 개는 눈의 크기에 비해 코가 크지만 고양이는 상대적으로 코에 비해 눈이 크다는 정보를 인공지능에게 힌트로 제시해 주는 것이다. 그러면 인공지능은 수많은 개와 고양이의 사진에서 코와 눈의 크기를 인식한 다음 각각의 크기를 비교하고 그 수치를 메모리에 저장해 둔다. 학습을 하는 것이다.

이후 기존에 보여준 적이 없는 새로운 고양이나 개의 사진을 보여주면 인공지능은 사진에 나온 동물의 코와 눈을 찾아 각각의 크기를 비교한다. 그리고 그 비율이 고양이와 유사한지 개와 더 유사한지를 판단할 것이다.[B]

유전 알고리즘이 설계한 안테나는 어떤 모습일까?

인공지능에게 안테나를 설계하라고 한 일이 있다. 연구의 제목은 〈인간과 경쟁하는 진화적으로 만들어진 안테나〉였다. 먼저 어떤 모양이든 좋으니 효율이 가장 좋은 방법으로 시뮬레이션을 해 보라는 룰만 제공했다. 공간에 형성된 전자기파를 가장 적당한 각도와 간격으로 받아야 하고 면적이 넓으면 넓을수록 좋다는 조건만 준 것이다. 그랬더니 전기공학자들이 생각하지 못하던 모양의 이상한 안테나가 나왔다.

실제로 수신율을 체크했더니 기대 이상의 값이 측정되었다. 나사는 이런 유전 알고리즘을 이용해 우주 비행에 필요한

유전 알고리즘이 직접 설계한 안테나

자이로스코프 등의 미세기기를 설계하고 있으며[4] 이 안테나
는 실제 인공위성에 탑재돼 2006년 3월 22일에서 6월 30일까
지 임무를 수행했다.[5]

이것은 인공지능일까? 아니다. 엄밀히 말해 이것은 최적화
optimization다. 시행착오를 거치면서 수신률을 최대로 만드는 여
러 변수들을 조합해 나가는 것이다.

인공지능을 가르치는 세 가지 방식:
지도학습, 비지도학습, 강화학습

인공지능은 그 학습 방식에 따라 작동 방식이 조금씩 다르
다. 따라서 인공지능의 작동 방식을 제대로 이해하려면 인공

지능의 학습 방식 차이를 구분해 볼 필요가 있다. 지도학습과 비지도학습 그리고 강화학습이 그것이다.

지도학습이란 인공지능의 학습 과정 전반에 인간이 개입하여 무엇이 맞고 틀린지를 일일이 가르쳐주는 방식이다. 반면 비지도학습은 정답과 상관없이 수많은 정보를 먼저 입력시킨 다음 인공지능 스스로 비슷한 정도를 평가해 분류하게 만드는 것이다. 이렇게 되면 인공지능은 무엇이 자동차고 무엇이 사람인지는 알 수 없어도 자동차는 자동차끼리 사람은 사람끼리 모을 수 있다. 강화학습은 한발 더 나아가 바둑이나 온라인 게임과 같이 특정한 목적과 룰이 있는 환경만을 제공해주고 스스로 시행착오를 거치며 학습을 강화해 최적의 방법을 찾아내도록 하는 방식이다. 세 가지 방식 중에 무엇이 더 우월한지 따지는 것은 어리석은 일이다. 필요에 따라 적절한 방식의 인공지능을 선택하면 된다.

자율주행 자동차가 교통 신호 체계를 인식해야 하는 경우 지도학습을 통해 교통 신호 정보를 전부 입력해 주는 방법으로 학습시킬 수 있다. 그러나 실제 도로의 다양한 상황에 대한 문제를 알려주고 그에 대해 일일이 답을 주는 것은 어렵다. 이때 수많은 상황을 설정하고 그에 맞는 다양한 시도를 시뮬레이션 하는 강화학습을 통해 보다 안전하고 매끄러운 자율주행을 가능하게 할 수 있다.

비지도학습은 라벨링의 편의성을 높여주는 데 활용이 된

다. 예를 들어 사진 1만 장이 있으면 1만 장에 대해서 일일이 라벨을 붙여 줘야 하는데, 비지도학습으로 분류를 하면 분류된 결과로부터 일괄적으로 라벨링을 하는 것이 가능하다. 훨씬 간편하게 분류 모델을 생성할 수 있는 것이다. 강화학습의 예를 하나 더 들면 바둑의 룰만 숙지하게 하고 인공지능 스스로 바둑을 계속 두게 하는 것이 있다. 어떻게 하면 이기고 지는지는 오로지 경험한 데이터를 통해 터득해간다. 강화학습에서 인공지능은 스스로 바둑의 승패 여부를 확인할 수 있어야 한다. 그것을 알아야 지는 쪽을 피하고 이기는 쪽으로 간다. 최종결과가 일종의 함수인 셈이다. 목적함수 값을 알고 스스로 그 답을 찾아 승률이 높은 쪽으로 시행착오를 거치며 발전하는 것이다.

세 방식 중에서도 연구자들이 많이 기대하는 분야는 강화학습이다. 결과가 좋을지 나쁠지를 인공지능이 시뮬레이션으로 알아봐 주어 시행착오를 줄일 수 있을뿐더러 더 빠르게, 더 많은 경우의 수를 확인해 볼 수 있기 때문이다. 이 기술이 발전하면 기존에 없던 새로운 단백질 구조나 신소재를 좀 더 쉽게 개발할 수도 있을 것이다.

오래 된 미래
일상에 들어온 인공지능

알파고 제로는 어떻게 진화했나

2017년 12월 5일 구글의 인공지능개발 자회사인 구글 딥마인드Google DeepMind 연구진은 '알파고'의 최신 버전인 '알파고 제로'가 독학으로 몇 시간 만에 장기, 체스, 바둑 모두에서 경쟁 소프트웨어를 능가했다는 연구 결과를 발표했다. 기존의 알파고는 인간이 쌓아 온 별도의 기보데이터가 있어야 바둑을 둘 수 있었다. 그러나 알파고 제로는 바둑에 대한 정보만을 가지고 수차례 연습한 뒤, 어떻게 해야 승리하는지를 스스로 깨달아갔다. 그야말로 구글이 만들어 낸 완전히 다른 방식의 바둑 프로그램이 된 것이다.[1]

그보다 1년 전인 2016년, 딥마인드가 개발한 인공지능 바둑 프로그램 알파고와 한국의 세계적인 바둑기사 이세돌 9단의 바둑대결이 열렸다. 인공지능의 개념이 1956년에 도입된 이래 오랜 세월 다양한 연구가 지속되어 왔지만, 바둑과 같이 복잡한 승부에서 인공지능이 공식적으로 인간을 마주하는 것은 처음이었다. 드디어 인공지능이 사람과 대결할 수 있을 정도로 진보한 것이다.[E)

우리 사회에 커다란 파장을 일으켰던 알파고를 있게 한 몬테카를로 방법Monte Carlo method이라는 수학적 방법론을 먼저 살펴보자. 정사각형을 그리고 그 안에 충분한 수의 난수를 배열한다. 이 정사각형에 내접하는 원을 그리고 무작위로 수를 선택해 원 안의 수와 밖의 수를 구별해 비율을 구하면 파이 값을 얻을 수 있다. 몬테카를로 방법이 적용된 알고리즘은 이때 모든 경우의 수를 다 따지려 하지 않는다. 경우의 수마다 전부 대입하는 대신 가능성이 있는 것에 먼저 접근해 시행한다. 인간의 사고방식을 모방해 만든 새로운 알고리즘인 것이다.

이세돌과 맞붙은 알파고의 초기 버전은 인간의 방법론인 기보가 필요했다. 수많은 기보를 사람이 빅데이터로 집어넣고 이를 기준으로 참고하고 학습시켜 만들어야 했다. 그 다음 버전은 기보마저 무시했다. 최종버전인 알파고 제로는 인간의 기보 데이터 없이 몇 번이고 스스로 데이터를 만들면서 이길 수 있는 방식을 찾았다. 스스로 시행착오를 겪으며 배우다 보니, 인간이 기보 데이터를 넣어줄 필요도, 정석을 알려줄 필요도 없게 되었다. 최종버전인 알파고 제로와 알파고가 맞붙은 결과는 알파고 제로의 압승이었다. 결과적으로 보면 인공지능 스스로가 자기만의 새롭고 효율적인 계산방식을 만들어

낸 셈이다. 알파고 제로는 정보가 전혀 없는 상태에서 시작해 스스로 자기만의 정석을 만들었다. 이런 구조에서 인간이 기보를 입력해 주는 것은 오히려 인공지능의 효율성을 방해하는 꼴이 된다. 인공지능을 스스로 학습시키는 방식이 결국 결과의 차이를 만든 것이다.

때문에 인공지능이 승률을 높이는 방법을 단번에 알게 되는 것은 아니다. 가로19줄 세로19줄의 바둑판이 있을 때 인공지능은 맨 처음에 어디에다 두면 승률이 몇 퍼센트가 되는지 혼자 몇천 판을 치러서 데이터를 쌓는다. 그리고 두 번째 수를 어디에다 두면 승리할 확률이 높은지도 같은 방식으로 쌓아서 만든다. 컴퓨팅 능력이 높아진 결과 그렇게 수천만 판을 더 치러서 이기는 방법이 무엇인지 빠르게 습득하는 것이다.

이때 질 확률이 거의 없어지는 루트가 어떻게 이뤄지는지 보자면 다음과 같다. 한 수마다 알파고가 이길 확률이 80%, 인간이 이길 확률이 20%라고 하자. 이때 각자가 100수 정도를 둘 텐데 그렇게 서로 각자의 승률을 100번씩 곱하면 0%는 아니어도 알파고가 인간을 얼마든지 무시할 수 있는 차이로 벌어진다. 인간이 이길 확률이 0.1%라면 이는 곧 999번 지고 딱 1번만 이기는 것밖에 안 된다는 의미다. 이것이 의미하는 바는 크다.

물론 인간 역시 수천 년간 수억 판의 시행착오를 통해 어떻게 해야 승률을 올릴 수 있는지 알았다. 그러나 그렇게 발견한

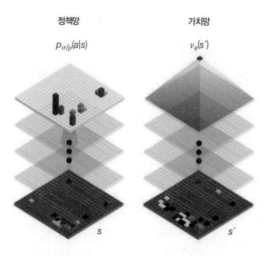

정책망   가치망

$p_{\sigma/\rho}(a|s)$ $\nu_\theta(s')$

s s'

알파고는 정책망(policy network)과 가치망(value network)이라는 두 가지 네트워크를 조합해 최적의 수를 찾는다. 정책망은 경험(학습)을 통해 직관적으로 유력한 다음 수 후보들을 제시한다. 가치망은 이 수들이 진행될 때 시뮬레이션을 통해 승리할 가능성(가치)을 예측하고 다음 착수점을 결정한다.[F)]

소위 '정석'이 최적의 솔루션이 아닐 수도 있다는 사실을 인공지능이 불과 몇 시간 만에 알려준 것이다. 인간이 수천 년 동안 미처 발견하지 못한 사실을 말이다.

  한 사람이 배운 모든 정보가 다른 사람에게 온전히 구전되거나 기록으로 이어지지는 않았다는 점도 인간이 인공지능에게 패배할 수밖에 없는 이유이다. 배움의 한계와 전달의 한계가 있으니 기록하지 못하고 사라져 단절된 비법도 분명 어딘가에 있을 것이다. 그러나 알파고는 내부에서 만들어 낸 수많은 정보를 잃어버리지 않는다. 연속적으로 둔 수천만 판의 모든 정보를 놓치는 일 없이 확인할 수 있다. 때문에 인공지능의 승률이 더 높을 수밖에 없다. 알파고 제로는 현재 은퇴했다. 더 이상 겨룰 상대가 없어 자신들끼리 게임을 계속할 수밖에 없었기 때문이다.

일상으로 들어온 인공지능 스피커

챗봇chatbot은 이미 우리의 일상 구석구석에서 찾아볼 수 있는 인공지능이다. 챗봇은 음성이나 문자로 사람과 대화에 참여하며 특정한 작업을 수행한다. 요즘 집집마다 쉽게 볼 수 있는 인공지능 스피커나 스마트폰에서 작동하는 시리siri, 그리고 구글 어시스턴트google assistant와 같은 프로그램이 챗봇의 대표적인 예다.

인공지능 스피커의 핵심 기능은 음성인식이다. 알다시피 사람은 같은 의미를 전달할 때 늘 같은 목소리에 같은 문장으로 말하지 않는다. 그럼에도 인공지능이 이 말들이 의미하는 공통된 내용을 파악할 수 있는 이유는 제각기 다른 말 속에서 의미 있는 키워드를 찾아낼 수 있기 때문이다.

인공지능 스피커에게 "윌 스미스 영화 보여줘"라고 말한다면 '윌 스미스'와 '영화'를 알아듣고 관련 결과를 찾아서 보여준다. 한편 옆에서 다른 사람이 "윌 스미스 영화 뭐 있어?"라며 달리 물어도 인공지능 스피커는 똑같은 결과를 알려줄 것이다. 한 글자 한 글자를 사람처럼 이해하지는 못해도 최소한 자연어를 사람처럼 알아들은 뒤 적절하게 반응할 수 있기에 그렇다.

최초 챗봇의 원형은 1966년 MIT가 상담치료를 목적으로 만든 엘리자Eliza였다. 하지만 엘리자를 인공지능이라고 부르지는 않는다. 엘리자는 특정 패턴으로 정확히 매칭이 되게 질문해야만 거기에 알맞은 대답이 가능했기 때문이다. 엘리자는 수만 개의 질문에 대한 수만 개의 알맞은 답이 저장돼 있더라도 데이터로 집어넣은 정보 외의 새로운 패턴의 질문에는 대답할 수 없다. 인공지능의 정의 중 하나는 '새로운 상황에 처했을 때 과거의 경험을 바탕으로 경험해 보지 못한 상황에 대처할 줄 아는 능력'이다.

지금의 시리나 인공지능 스피커 역시 아직까지는 진정한 의미의 지능을 가졌다고 하기는 힘들다. 이들도 아직은 미리 가진 데이터베이스 외의 패턴에는 만족스러운 답변을 하지 못하고 있으니 말이다.

인공지능 플랫폼 왓슨, 암을 진단하다

왓슨은 IBM에서 만든 인공지능 플랫폼이다. 왓슨은 여러 버전이 있다. 각자 특화된 버전이 용도에 따라 다르게 프로그래밍 되어 있다. 왓슨이 가장 먼저 등장한 해는 2011년이다.

왓슨은 미국판 장학퀴즈 제퍼디Jeopardy에 나가 최다 우승자 대 최고 상금 수상자 대 왓슨이라는 1:1:1 대결에 참가해 승리를 거뒀다.

3년이 지나 왓슨은 더 발전했다. 속도는 24배 빨라진 반면 크기는 10분의 1로 줄었다. 게다가 인터넷만 있으면 클라우드로 왓슨에 접근할 수 있게 되었다. 하드웨어만 변화한 것이 아니다. 왓슨은 점차 생명공학 · 의료 · 법률 · 금융 등 현실세계로 들어오기 시작했다. 지난 3년간 왓슨은 미국 텍사스대 MD 앤더슨 암센터 등에서 현실화 가능성을 실험해 왔다. 앞서 1장에서 등장했던 인공지능 암진단 프로그램이 바로 이 왓슨이다.[5]

그중 왓슨 의료용 버전이 2016년 가천대길병원을 시작으로 우리나라에 보급됐다. 의료용 왓슨은 의료 데이터를 가지고 암을 진단하는 일종의 판독 시스템이다. 여기에 적용한 인공지능 방식은 '지도학습'이다. 왓슨은 전 세계적으로 발병률이 높은 암 중 80%를 차지하는 13종의 암을 진단할 수 있도록 트레이닝 받으며 300종 이상의 의학저널, 200권 이상의 전문서적, 15,000쪽 분량의 암 치료 관련 연구 자료를 습득했다. 다만 이 자료들이 대부분 미국과 유럽의 환자들을 대상으로 했다는 점, 그리고 국내 건강보험의 현실을 면밀히 반영하지 못했다는 점이 그 한계로 꼽힌다.[6]

페이스아이디는 어떻게 내 얼굴을 알아볼까

아이폰은 핸드폰 잠금해제 방식을 '페이스아이디Face ID'라는 안면인식 개념을 통해 새롭게 정립했다. 애플은 머신러닝을 통해 사용자의 외모 변화까지 페이스아이디가 읽어낸다고 자랑했다. 모자나 안경을 쓰거나 수염을 길러도 인식할 수 있으며 이는 밝은 곳과 어두운 곳도 가리지 않는다.

페이스아이디는 대표적인 비지도학습 방식의 인공지능이다. 같은 사람의 얼굴이라도 조명이나 각도에 따라 세세한 생김새가 달라 보인다. 오죽하면 각자마다 잘 생기고 예쁘게 찍히는 각도나 조명이 다 다르겠는가. 하지만 비지도학습으로 인공지능을 적용하면 사용자의 다양한 얼굴 패턴을 분석해 얼굴이 3분의 2 정도만 드러나도 그 사람이 누군지를 구분할 수 있다. 페이스아이디를 사용하는 사용자의 이목구비의 특징을 지

페이스아이디(애플 홈페이지)

속적으로 축적해 정확도를 점차 상승시키는 것이다.

페이스아이디라는 차세대 생체인증 수단으로 말미암아 이제 기존 아이폰 시리즈 제품 전면에 있던 홈버튼과 지문인식 기능인 '터치아이디Touch ID'가 모두 없어졌다. 스마트폰의 한 면이 거의 모두 디스플레이로 채워졌으며 일부에 도트 프로젝터, 적외선 카메라, 투광 일루미네이터로 구성된 트루뎁스TrueDepth 카메라 시스템을 배치했다. 트루뎁스는 보이지 않는 3만 개 이상의 적외선 도트를 얼굴에 투사해 사용자의 얼굴에 형성된 도트 패턴을 적외선 카메라로 판독해서 소유자 여부를 확인한다.

인공지능이 만들 사회를
대비하는 방법

인공지능 산업의 핵심은 그래도 사람이다

인공지능이 도입되면 지금의 사무직과 같은 일자리는 줄어들 것이다. 인공지능이 자료를 찾고 서류 작성까지 도맡아 하면 사람은 검토만 해 주면 된다. 사람 열 명이 하던 일을 두세 명이 해도 충분하다. 하지만 그만큼 새로운 직업이 탄생할 것이다. 인공지능에 필요한 것이 컴퓨팅 능력과 데이터 그리고 이를 다룰 전문 인력인데, 그중 가장 필요한 인프라는 역시 사람이기 때문이다.

먼 미래에 인공지능이 여러 직업을 뺏어가 대체할 것이라 해도 지금과 같은 약한 인공지능은 인간의 도움이 필요하다. 인공지능에게 프레임을 만들어 주고 그에 맞는 데이터를 부어 넣어 학습시켜야 되기 때문이다. 이 과정에서 인공지능 디자이너와 인공지능 트레이너 같은 직업이 등장할 것으로 보인다. 디자이너가 인공지능을 설계하면 트레이너가 데이터를 넣어 만드는 일을 해내는 것이다. 앞으로 인공지능을 잘 다룰 인력은 더 많이 필요해진다.

인공지능 전문가는 아주 초보일지라도 억대 연봉을 받을 만큼 그 희소성과 가치가 높다. 일정 권위의 학회에 논문 발표 실적을 보유한 박사급 이상 인재의 경우 1억 원 초반에서 2억 원대까지 몸값이 형성되며, 3~4년 정도의 경력이 추가되면 몸값은 더 뛴다. 가까운 1년간 엔비디아[nVidia]와 퀄컴[Qualcomm]은 논문 실적과 관련 경력 등 일정 요건을 충족한 인력에게 30만 ~40만 달러(약 3억 2000만 원~4억 3000만 원)의 몸값을 책정한 것으로 알려졌다.[7]

정보통신진흥센터는 현재 인공지능 업체들에 필요한 전문 인력의 수가 약 100만 명 수준인 것으로 추산했다. 그러나 현재 활동하는 전문 인력은 단 30만 명 수준에 불과하다. 더구나 30만 명 중 10만 명은 연구 인력이기에 실제로 산업계에 더 필요한 전문 인력만 80만 명에 달한다. 인공지능 전문가를 단시일 내에 육성하기 힘든 점을 감안하면 앞으로 지금과 같은 인력난이 세계적으로도 계속 이어지리라 예상된다. 인공지능 연구소를 갖춘 전 세계 367곳의 교육기관이 배출하는 인력마저도 약 2만 명 정도로 시장 수요에 크게 못 미치는 상황이다. 이렇다 보니 인공지능 전문가의 몸값은 천정부지로 치솟을 수밖에 없다.[8]

그렇다면 문과 전공자들은 어떻게 해야 할까? 인공지능과 로봇이 점점 커지면 문과 출신의 일자리가 전체적으로 줄어들 수밖에는 없다. 그러나 피할 수 없는 세상의 변화를 어느 관점에서 달리 보느냐가 필요하다. 결국 나중에는 인공지능과 인간이 공존하면서 새로운 윤리와 철학의 문제에 부딪힐 것이다. 이때 문제를 해결하는 위해서는 인문학이 등장할 수밖에 없다. 미래에 벌어질 사회 현상을 어떤 식으로 바라보고 접근해야 하는가는 기계 기술적 측면과는 다른 삶의 영역이기 때문이다.

간과할 수 없는 부작용

인공지능이 인간을 지켜보고 통제하는 시대가 오면 프라이버시 문제가 가장 크게 불거질 것이다. 미국 소설가 코리 닥터로우Cory Doctorow가 쓴 『리틀 브라더』라는 책이 있다. 소설 속에는 테러 발생 이후 국토안보부가 사람들을 일일이 CCTV로 확인하면서 통제하는 내용이 나온다. 이 대사는 읽어보면 다소 소름이 돋기도 한다. "네 교통카드를 보니 여기저기 이상한 곳들을 돌아다니며 재미있는 시간을 보낸 모양이더군."[9]

이 논리는 아주 쉽게 먹혀든다. 어떤 사건이 미궁에 빠지면 CCTV가 없어서 범죄 확인이 어려웠다고들 한다. 이를 달리 말하면 CCTV가 있으면 더 안전하다고 말하는 것과 같다. 처음에는 범죄 예방을 명목으로 도입하지만 살짝만 뒤집으면 모두를 잠재적 범죄자로 연결해 실시간으로 체크하는 일이 생길 수 있다는 뜻이 된다.

중국에는 '천망天網'이라는 시스템이 있다. 중국 공안 당국이 구축한 범죄자 추적 시스템이다. 중국은 2,000만 대에 달하는 인공지능 감시 카메라를 기반으로 2015년부터 시스템 구축을 시작했다. 움직이는 물체를 추적, 확인하는 인공지능 감시 카메라와 범죄 용의자의 데이터베이스를 연동하는 것이 천망의 특징이다.[10] 이를테면 공안들이 그들의 안경이나 어깨에 카메라를 착용하는데 이것에 누군가가 찍히면 그 사람과 관련된 데이터베이스가 따라 나온다. 이를 통해 범죄자 데이터베이스와 비교하며 수배자나 용의자를 찾아내는 것이다. 천망을 활용하면 두세 장밖에 없는 사진으로도 원하는 사람을 찾아 내는 것이 가능하다.

나쁜 기술은 없다

나쁜 인공지능이란 없다. 기술 자체가 나쁜 것이 아니기 때문이다. 무엇을 설계하고 학습시킬지를 정하는 인간에게 책임이 달려 있다. 좋은 기술도 인간이 어떤 목적으로 사용하느냐에 따라 나쁜 도구가 될 수 있다. 그런 측면에서 인공지능 개발자는 상당한 철학적 소양과 윤리의식을 갖추는 일이 중요하다.

MS사의 테이^{Tay}라고 하는 챗봇이 상징적이다. 마이크로소프트는 테이를 처음 만들 때 자유도를 상당히 많이 부여했다. 비지도학습으로 대화하면서 말하는 스타일을 스스로 배울 수 있게 했다. 그런데 출시한 직후 인종주의자와 성차별주의자가 몰려와서 테이에게 차별적인 발언들을 집어넣었다. 테이는 자유롭게 이것들을 술술 배웠고 불과 16~17시간 만에 스스로 차별적인 발언을 던지는 챗봇이 되고 말았다. 마이크로소프트가 인공지능 테이 자체를 그런 의도로 만든 것은 분명 아니다. 학습시키는 사람이 어떤 생각으로 다가가느냐에 따라 나쁜 결과를 가져온 케이스인 것이다.

인공지능 연구에는 윤리의식이 꼭 필요하다. 연구자들은 인공지능에게 사람을 해칠 권리를 부여할 수 없으며, 살인병기역시 절대 개발하지 않겠다고 선언할 수 있어야 한다. 다만 개발자에게만 윤리의식을 갖추라고 할 것은 아니다. 이 역시 공동의 합의와 규제가 필요하다. 이를 어떻게 설정하고 지켜나갈지가 앞으로의 중요한 사회적 이슈가 될 것이다.

정리하기
인공지능

1. 인공지능은 이미 우리의 삶에 깊숙이 들어와 있다. 또 기업에게는 생존을 위해 꼭 필요한 존재다. 인공지능의 가장 큰 특징은 각종 정보를 학습할 수 있다는 것이다. 인공지능은 학습한 내용을 바탕으로 사람처럼 과정 하나하나를 일일이 점검하며 판단해서 결정할 수 있다.

2. 알파고의 최신 버전인 알파고 제로는 이제 인간의 기보 데이터가 없이도 스스로 바둑을 두며 자기만의 최상의 수를 찾아 승리에 승리를 거듭한다. 인공지능 스피커와 같은 챗봇은 우리가 하는 말 속에서 키워드를 찾아내 알맞게 대응한다. 인공지능은 용도에 따라 의사가 되기도 하며 스마트폰의 보안을 책임지기도 한다.

3. 인공지능은 미래에 있어 정말 중요한 기술이지만 그만큼 악용될 소지도 충분하다. 미래 사회의 핵심 인력이 될 인공지능 연구자들과 사회 전체가 올바른 윤리의식을 갖춰 인류 전체에 이로운 방향으로 과학기술을 진보시킬 수 있도록 해야 한다.

인공지능은
점화식 수열과 같다

인공지능을 수학적으로 말하자면 점화식 수열recurrence relation과 같다. n+1번째 항이 n번째 항, 그리고 그 이전의 항들과의 관계식을 통해 결정되는 개념이다. 서로 독립적이지 않고 n+1번째 항이 그 이전의 항들을 바탕으로 결정된다. 또한 n+1번째 항도 그 이전의 항에 영향을 주는 것처럼, 기술 역시 각자가 발전하면서도 서로 계속 밀접하게 연결된 관계로 이해할 수 있다는 뜻이다.

머신러닝으로 데이터 수집을 거듭해 어떤 형태가 생긴다면 이것 또한 다른 앞선 발전체계와 이어지는 진화의 한 모습으로 봐야 할 것이다. 이는 생물체가 진화하는 모습과도 유사하다. 이처럼 모든 인공지능은 점화식 수열처럼 이어져 있다.

인공지능과 두뇌는
서로 연결할 수 있을까

인공지능과 지능이 연결된 상태를 초지능이라고 부른다. 초지능이 탄생하기 위해 중요한 요소가 바로 뇌공학이다. 뇌공학을 통해 뇌에서 표출되는 여러 생각과 상태를 읽어낼 수 있기 때문이다. 여기에 인공지능이 결합하면 인공지능이 가진 데이터를 바탕으로 하여 인간이 가진 제한된 감각과 인지, 기억능력을 알아서 보강해 줄 수 있다.

대표적인 영화가 〈아이언맨〉이다. 아이언맨의 인공지능 비서 자비스는 토니 스타크의 생각이나 몸상태 및 주변의 광대한 환경 정보와 인터넷 속 수많은 지식 정보를 읽어낸다. 자비스는 이 데이터를 갖고 방대한 클라우드 서버 데이터베이스에 접속해 스스로 종합하고 분석한 뒤, 그 결과를 바탕으로 적절한 선에서 아이언맨의 순간적인 판단에 조언을 해 준다.[6]

이것이 인공지능과 뇌공학을 접목해 스마트한 인간을 만드는 어시스턴트 시스템이다. 이렇게 뇌공학은 초지능을 구현하는 데 기여할 것이다. 최근에는 마이크로 및 나노 공정 기술이 급속히 발전하면서 머리카락 굵기보다도 가는 미세한 바늘 형태의 전극도 제작할 수 있게 되었다. 이 미세바늘을 대뇌

피질 표면에 찔러 넣으면 수십~수백 개의 신경세포 집단에서 발생하는 뇌의 전기신호를 정밀하게 관찰하는 일이 가능하게 된다.

일론 머스크$^{Elon\ Musk}$ 테슬라^{Tesla} CEO는 한 술 더 떠 뉴럴링크^{Neuralink}를 출범시키며 인간과 인공지능을 직접 연결할 것이라고 밝혔다. 신경신호를 읽을 수 있는 새로운 전극 방식인 이른바 '뉴럴 레이스$^{Neural\ Lace}$'를 개발해 인간이 생물학적 인터페이스가 없이도 기계를 통해 서로 소통할 수 있도록 연구하는 중이다.[11] 인간 두뇌의 유한성을 극복해 외부 인공지능 컴퓨터로 연결을 확장하려는 시도다.[14]

커넬^{Kernel}이라는 벤처 회사도 해마에 장착할 칩을 개발하고 있다. 이를 통해 뇌 속에 든 정보를 일종의 외장하드로 빼내 저장해 뒀다가 필요할 때 다시 뇌 안으로 입력해 쓰고자 하고 있다. 먼 이야기지만 이것이 정말 만들어지면 수학 문제를 풀 때에도 전반적인 생각은 사람이 하되 복잡한 계산은 머릿속 마이크로칩의 도움을 받을 수 있다. 인간의 부족한 기억능력을 인공지능이 보완하면서 더 똑똑해지는 것이다.

한편 인간의 두뇌와 기계로 만든 신체를 연결하는 일은 이미 진행 중이다. 손은 멀쩡하지만 손과 뇌를 잇는 신경이 손상돼서 손을 움직일 수 없는 경우에도 마찬가지다. 뇌공학자들은 이런 환자를 위해 뇌에서 측정한 신호를 해독해서 인공 손을 조작할 수 있게 하는 기술을 개발하고 있다. 비록 뇌와 손을 연결하는 신경은 끊어졌어도 뇌에서는 여전히 손을 움직이는 신호를 만들어 낼 수 있기 때문에 가능한 일이다.

연구를 거듭한 결과 이제는 생각만으로 모니터 위의 마우스 커서를 자유롭게 움직일 수 있을 뿐만 아니라, 로봇의 팔을 움직여서 커피 한 잔을 스스로 마시는 것도 가능해졌다. 이처럼 뇌에서 발생하는 신호를 측정하고 해독하여 기기를 제어하는 기술을 뇌-기계 접속 또는 뇌-컴퓨터 접속이라고 한다.[I]

[J)K)]

신경세포(뉴런)가 활동을 하면 미세한 신경 전류가 생성이 된다. 만약 여러 개의 뉴런이 동시에 활동을 하면 이때 생겨난 신경 전류가 머리 내부를 타고 흐른다. 신경세포 바로 위에서 바늘 모양으로 생긴 전극을 꽂아서 측정할 수도 있고(보통 여러 개의 바늘을 사용하기 때문에 '미소 전극 배열'이라고 한다). 머리 밖에서 측정할 수도 있다. 머리 밖에서 측정된 신경 전류를 '(두피) 뇌파'라고 한다. 전극을 뇌에 꽂지 않고 측정하는 방법도 있는데 이렇게 측정된 신호를 '두개강 내 뇌파'라고 한다.[L)]

인공지능이
인간을 지배하는 일이 올까

인공지능은 인간의 능력과 마음을 완벽하게 모방한 '강한 인공지능'과, 인간 능력의 일부를 시뮬레이션하는 '약한 인공지능'으로 나눌 수 있다. 강한 인공지능 중에서도 굉장히 자유도가 높아 넓고도 깊게 생각하고 움직일 줄 아는 인공지능을 '범용 인공지능'이라 말한다. 알파고는 약한 인공지능으로 창의성을 가지지는 않는다. 또 활동 영역이 바둑으로 제한되기 때문에 바둑 외의 다른 일은 처리 할 수가 없다.

인공지능 전문가들은 지금의 개발 방법론으로는 강한 인공지능을 만들지 못한다고 말한다. 현재로서는 인공지능이 어떻게 학습할지를 모두 인간이 결정하기 때문이다. 인간이 학습을 시키고 학습에 문제가 있을 경우에도 이를 인간이 수정한다. 이런 과정이기에 지금의 딥러닝이나 머신러닝으로는 범용성이 있는 인공지능을 만들 수 없다. 그렇기에 현재 우려하는 범용 인공지능의 역습이 최소한 100년 안에는 일어나지 않으리라 보고 있다.

인공지능 윤리강령

옛날에 아이작 아시모프Isaac Asimov가 공상적으로 만든 '로봇 공학 3원칙'처럼, 실제로 인공지능 공학자들이 윤리강령 식으로 협의해서 만든 문서가 있다.

구체적으로는 마이크로소프트나 구글, 그리고 카카오 등 IT 관련 기업에서 자체적인 인공지능 윤리 규범을 제정하고 있다. 인공지능 분야에서 지도자적 입장에 있는 인사들 역시 인공지능으로 인해 인류가 위협받는 상황을 피하고자 '아실로마Asilomar AI 원칙'이라는 약속을 발표했다.

이 원칙을 발표하는 자리에 함께한 사람들로는 알파고를 개발한 구글 딥마인드의 CEO 데미스 허사비스Demis Hassabis, 테슬라의 CEO인 일론 머스크 등이 있다. 이 원칙은 총 23개의 세부 규칙으로 구성되어 있으며 "인공지능의 목표는 인간의 가치와 일치해야 한다", "인공지능이 스스로 성능을 향상시키는 것은 엄격히 통제돼야 한다" 등이 대표적인 규칙이다.

국가 차원에서도 인공지능과 관련된 '법 규범'을 수립하려는 노력이 이뤄지고 있다. EU에서는 '로보로RoboLaw' 프로젝트를 통해 독일, 영국, 이탈리아, 네덜란드의 공학, 법률, 철학 전문가들이 대거 참여하며 인공지능 로봇기술의 법적, 윤리적 이슈를 연구하고 있다. 미국은 국가과학기술위원회NSTC 산하에 '기계학습 인공지능 소위원회'를 신설해서 다양한 인공지능 이슈의 전략 계획을 수립하는 중이다. 이 위원회에는 의료, 법무, 국방, 안보 등과 같은 다양한 분야의 전문가들이 참여하고 있다.[12]

3장
자율주행의 미래

자율주행 기술이 바꿀
도로의 풍경

　범블비와 옵티머스 프라임이 주연이던 〈트랜스포머〉가 개봉되었을 때 많은 사람들은 이러한 상상을 스크린으로 생생히 옮겨 놓은 컴퓨터 그래픽에 열광했다. 4차 산업혁명은 이러한 꿈을 현실로 성큼 다가오게 할 것이다. 핸들에 손을 올리지 않아도 안심할 수 있는 자율주행 자동차의 시대가 벌써 눈앞에 다가와 있다고 해도 과언이 아니다.

　앞으로는 화물차가 단체로 이동하는 군집운행이나 대중교통으로까지 자율주행의 범위가 점차 확대되리라는 예측이다. 다만 자율주행으로 달리는 개인차를 소유하기에는 무리가 있지 않을까 하는 전망이 독자 입장에서는 아쉬울 수도 있겠다. 그렇다면 어린 시절의 꿈을 실현시켜 줄 자율주행에는 어떤 과학기술이 숨어 있을까.

자율주행 기술은 지금 어디까지 왔나

자율주행 기술 실현을 향한 노력은 자동차 산업의 발전과 함께 꾸준히 진행되어 왔다. 현재 출시되어 있는 차량에 상용화되어 쉽게 볼 수 있는 스마트 크루즈 컨트롤 시스템, 고속도로 주행 보조 시스템, 전방충돌 방지 보조시스템과 같은 운전자 보조 시스템들이 대표적이다.

자율주행 자동차를 가능하게 하는 기술은 크게 3가지로 구성되어 있다. 첫째는 도로와 주변 환경을 인식하는 센서와 통신 기능이다. 둘째는 주변상황을 판단해 주행전략을 수립하고 핸들의 방향과 가속 또는 감속 방침을 결정하는 인공지능 부분이다. 세 번째는 실제로 핸들과 액셀러레이터, 브레이크, 헤드라이트 등을 작동시키는 기술이다.[A]

자율주행 자동차를 만들기 위한 연구는 1990년대부터 시작됐다. 그러나 미국 국방성의 연구조직인 방위고등연구계획국 다르파DARPA가 2004년에 모하비 사막에서 개최한 자율주행 자동차 경주대회를 계기로 본격적으로 연구에 가속도가 붙기 시작했다. 240km의 정해진 거리를 완주해야 하는 이 대회에서 첫 해에는 완주한 차량이 없었으나, 다음해인 2005년에는 5대의 자율주행 차량이 완주에 성공하며 주목받았다. 이후 전 세계적인 대기업이 나서서 자율주행 자동차 개발에 뛰어들었다. 기존의 자동차 회사는 물론 전기 전자 회사도 참여하면서 개발 속도는 더 빨라지고 있다.

자율주행 기술은 난이도에 따라 레벨 0부터 5까지 총 6단계로 분류한다. 0단계는 비자동화 주행으로 주행이 운전자에 의해 이뤄지는 것이다. 1단계는 기본적인 감가속을 보조해주어 운전자의 부담을 덜어주는 운전자 보조 단계이다. 2단계는 조금 더 나아가 사람이 운전대에서 손을 떼어도 차선과 속도 등을 관리할 수 있는 수준이다. 3단계는 운전자가 보지 않고도 운행이 가능한 단계로, 이때부터는 주행의 책임이 사람에서 시스템으로 완전히 넘어간다. 4단계는 운전자가 전혀 신경을 쓰지 않아도 되는 단계, 그리고 5단계는 운전자가 굳이 운전석에 없어도 자동차가 다 할 수 있는 경지를 말한다.[1]

현재 양산된 차에 보편적으로 탑재된 자율주행 기능은 레벨 2 수준이다. 많은 기업이 레벨 4~5를 목표로 연구에 박차를 가하는 중이며, 가장 앞선 기업 중 하나인 구글의 경우 2020년 무렵에는 상용화된 자율주행차를 출시한다는 목표를 제시하고 있다.[2, B]

자율주행은 절대 불가능하다?

한편 자율주행 자동차가 절대로 자율주행을 하지 못할 것이라는 주장도 있다. 맥동율 ripple factor 이라는 개념 때문이다.

상상해 보자. 자율주행차 두 대가 고속도로를 달리고 있다. 모종의 이유로 두 대의 간격이 가까워진다. 거리가 가까워진

자율주행 기술의 단계별 분류
미국 자동차 공학회(SAE) 자동화레벨이 정의됨(2016년 9월)

※ 자율주행 레벨은 과거 NHTSA 5단계에서 2016년 9월부터 SAE 6단계로 통일되어 사용됨

시스템이 일부 주행을 수행(주행책임: 운전자)

Level 0 비자동화	◎	✋	🦶	Hands On	· 운전자 항시 운행 · 긴급상황 시스템 보조
Level 1 운전자보조	◎	✋	🦶	Hands On	· 시스템이 조향 또는 감/가속 보조
Level 2 부분자동화	◎	✋	🦶	Hands On	· 시스템이 조향 및 감/가속 수행

시스템이 전체 주행을 수행(주행책임: 시스템)

Level 3 조건부자동화	◎	✋	🦶	Eyes Off	· 위험 시 운전자 개입
Level 4 고등자동화	◎	✋	🦶	Mind Off	· 운전자 개입 불필요
Level 5 완전자동화	◎	✋	🦶	Driver On	· 운전자 불필요

● 운전자가 수행   ● 운전자가 조건부 수행   ● 시스템이 수행

차들은 각자 판단에 들어간다. 거리 유지를 위해 앞차는 더 달리고, 뒤쪽 차는 감속한다. 그런데 문제는 이렇게 해서 두 차 사이에 공간이 생길 경우 발생한다. 그 공간에 또 다른 차가 자신의 효율적인 운전을 위해 끼어들 수가 있다. 이 경우 결국에는 세 차량의 속도가 모두 엉망진창이 되고 말 것이다. 게다가 고속도로에는 이 셋보다 더 많은 차들이 있을 테니, 이대로라면 무슨 일이 벌어질지는 불 보듯 뻔하다.

이렇듯 적절하지 못한 대처로 자율주행 자동차가 사고를 낼 위험성은 분명히 존재한다. 따라서 이를 파악하고 방지하고자 하는 연구 및 개발도 진행 중이다. 그러나 아직은 '운전이 필요 없는driverless' 자동차 안에서도 운전자는 항상 상황을 주시하며 언제라도 운전에 참여할 준비를 하고 있어야 할 것이다.[3]

자율주행 자동차 간의 혼란을 방지하기 위해서, 자율주행에도 사물인터넷 기능을 더할 필요가 있다. 자율주행 시 애초에 차량 사이에 이런 문제가 발생하지 않도록 서로 정보를 주고받도록 하는 것이다. 속도 조절을 넘어서서 주변의 차가 현재 얼마큼의 속도로 가고 있으며 언제쯤 우회전을 할 예정인지, 또 언제 브레이크를 밟으려고 하는지 등의 운전 상황을 공유한다면 문제를 해결할 수 있다.

다만 여기서 위험한 부분이 드러난다. 이런 정보가 중앙의 허브를 거쳐야만 주고받을 수 있는 구조가 되면 어떤 의미에서는 개인의 차량이 제3의 누군가에게 통제되는 것이 된다. 그 점은 사용자의 입장에서 두려울 수 있다. 모든 정보통신에서와 마찬가지로 해킹의 우려가 생긴다. 움직이는 자동차가 범죄나 테러의 목적으로 해킹을 당한다면 곧 치명적인 사고로 이어질 수 있다.[4]

그래서 보통 자율주행을 개발하는 사람들은 중앙에서 전체를 통제해 조율하는 시스템보다 개별 차량 간의 상호 작용에 초점을 두고 연구한다. 서로 데이터는 주고받되 별도의 통제가 없는 형태다. 운전자가 교통 상황을 눈으로 인지하고 판단하는 것처럼 각자의 인공지능으로 각자가 판단하는 것이다. 맥동율의 가정에서 알 수 있듯이 기본적으로 차량 간 상호 작용에 의존하는 것은 그만큼 복잡도가 증가해 다뤄야 할 요소가 더 많아지는 것을 의미한다. 이 부분은 앞으로 자율주행 자동차의 미래를 위해 우리가 해결해야 할 숙제다.

군집운행과 자율주행

자율주행을 적용하면 혼자서 트럭 네 대를 동시에 움직이도록 할 수도 있다. 맨 앞에만 사람 한 명이 타거나 그마저도 인공지능이 대신하고, 나머지는 모두 앞 트럭을 졸졸 따라가는 식이다. 맨 앞의 트럭이 브레이크를 밟는 순간에는 뒤쪽으로 신호를 바로 전달하기에 부딪힐 염려도 없다. 필요하다면 드론을 띄워 트럭의 움직임을 모니터링하며 통제할 수도 있다. 이로써 대형차량 운행 시 벌어질지 모르는 위험요소가 매우 줄어든다. 이를테면 명절에 귀성할 때에도 군집운행을 이용하면 정체 염려를 훨씬 덜어줄 수 있을 것이다.

군집운행을 하면 뒤차는 앞차에 비해 바람의 저항을 덜 받는 덕택에 연료 소비량이 15% 가량 적게 드는 효과도 있다. 미국 경제잡지 『포브스』는 자율주행 트럭이 상용화되는 시점부터는 물류업계의 인건비가 현재와 대비해 60% 이상 떨어지고, 장비 활용률은 30% 가량 높아질 것이라 내다봤다.

물류에서는 화물을 싣고 갔다가 빈차로 오는 것을 최소화하는 일 또한 중요하다. 연료비의 손해로 이어지기 때문이다. 군집운행이 상용화되면 출발 전 단계에서부터 최적의 경로를 미리 계산하여 빈차로 다니는 일이 없도록 맞춤 운영이 가능해질 것이다.

군집운행은 상대적으로 낮은 기술적 요구사항과 비용의 이점이 돋보인다. 이 때문에 유럽의 대형 운송회사들은 2020년 전후로 군집운행 도입이 본격화 될 예정이다. 특히 군집운행은 고속도로에서 활용하기에 적합한 기술로 꼽힌다. 고속도로는 도심 지역에 비해 돌발 변수가 적어서 상대적으로 낮은 수준의 자율주행 기술만으로도 상용화가 가능하기 때문이다.[4]

자율주행을 먼저 준비하는 나라와 기업은?

자율주행 연구는 아무래도 크기가 작은 도시국가에 빠르게 적용될 수 있다. 도시국가인 싱가포르는 이미 자율주행 구역을 도입해 자율주행 차량의 가능성을 실험 중에 있으며, 다가오는 2022년에는 자율주행 버스를 전국에 도입할 계획을 세우고 있다. 또 현지의 많은 스타트업은 자율주행 택시 등 운전자가 없는 대중교통 수단을 개발하는 데 열을 올리고 있다.

자율주행 기술을 이끄는 주요 혁신 기업으로는 엔비디아와 테슬라가 있다. 컴퓨팅 하드웨어 제조사인 엔비디아는 자사의 GPU 설계 역량을 토대로 자율주행 분야에 진출했다. GPU는 인공지능을 구현할 시 컴퓨팅 속도 및 성능 향상을 위해 반드시 필요한 하드웨어다. 엔비디아는 GPU를 기반으로 구현된 자율주행 기술을 'DrivePX'라는 자율주행 자동차 개발 플랫폼으로 공개하며 자율주행 분야의 생태계를 구축했다. 개발자들은 DrivePX가 제공하는 기능만 활용해서 매우 쉽게 전방 차량 감지, 차선유지 등의 기능을 구현할 수 있다.

전기차 혁신 기업인 테슬라는 'Autopilot'이라 불리는 반자율주행Semi-Autonomous Driving 기능을 시장에 안정적으로 상용화하며 빠르게 발전해 나가고 있다. 무엇보다 Autopilot은 차량에서 발생하는 거의 모든 데이터를 수집한다. 테슬라가 2014년부터 본격적으로 수집한 주행데이터만 해도 무려 56억km에 이른다. 최근 인공지능 역량을 확보하고자 더욱 노력하고 있는 테슬라는 기존에 확보한 방대한 양의 차량 주행데이터와 인공지능망을 결합해 향후 혁신적인 자율주행 기술을 구현해낼 것으로 기대된다.

이 밖에도 다양한 스타트업이 자율주행 기술 개발에 뛰어들어 인식 지능 및 주행 학습 분야에서 많은 성과를 내고 있다.

	기업명	핵심 기술	URL	
시각 인식 지능(Per- ception)	DeepScale	딥러닝 기반의 인식 기술을 고성능의 프로세서를 사용하지 않고 현재 상용화된 범용 프로세서 기반으로 구동	deepscale.ai	독자적
	Cognivue	기존 대비 전력소비가 100배 이상 효율적인 딥러닝 기반 이미지 인식 전용 하드웨어 구현 – Freescale에 인수	cognivue.com	
	SAIPS	차량용 시각 인식 기능에 최적화된 형태로 딥러닝 알고리즘 구현(인식률, 전력효율, 처리 속도 등 최적화) – Ford에 인수	saips.co.il	
	DeepVision	딥러닝 기반의 인식 지능 전용 하드웨어를 구현해 인식 속도 향상 및 전력 효율성 극대화	autox.ai	OEM 협업
주행 학습 지능 (Driving)	autox	카메라만을 활용해 자율주행 기능 구현, 딥러닝 기반의 비전 분야의 선도 연구자인 Xiao 설립(Princetone대 교수)	comma.ai	독자적
	comma.ai	$1000이하의 범용 하드웨어 활용해 딥러닝 기반의 자율주행 구현(OpenPilot), After market용 패키지로 상용화 목표	pilotlab.co	
	pilot auto-motive labs	클라우드 기반으로 딥러닝 기반의 주행지능(DriveNet)을 구현해 배포, 차량들이 클라우드를 통해 실시간으로 최신의 자율주행 기능을 수신받아 주행 함	drive-vector.com	
	vector.ai	자율주행 시스템을 기존 판매된 자동차에 호환된 형태로 구현, 기존 자동차에 시스템을 탑재하면 자율주행 기능이 제공 됨	aimotive.com	
	aimotive	딥러닝을 통해 자율주행 기능을 Full-Stack(신호처리/분석/응용프로그램)으로 구현해 시스템으로 제공	oxbotica.ai	
	oxbotica	딥러닝에 기반한 범용 자율주행 시스템구현, 자율주행 자동차 외 드론, 비행기 등 다양한 교통 수단에 활용 가능한 형태로 기술 개발	drive.ai	
	drive.ai	딥러닝 기반의 완전 자율주행 기능 구현, 교통 신호/표지판 인식 가능 및 밤/비/눈 등 다양한 환경에서도 안전한 주행 가능한 수준으로 구현	argo.ai	
	argo.ai	딥러닝 및 로보틱스 역량을 기반으로 자율주행 기술 구현을 목표, 구글 및 우버의 엔지니어가 창업 – Ford 투자(1조원)	getcruise.com	
	cruise	기존 상용차량에 호환가능한 자율주행 시스템을 구현…After Market 상용화 목표 – GM에 인수(1조원)		OEM 협업

딥러닝 기반의 자율주행 분야 주요 스타트업 목록[5]

사치품이 되는
자동차

대중교통이 전부 자율주행으로 대체된다면

만약 자율주행차가 도로에서의 사고 위험을 줄이고 교통 체증 또한 개선한다는 데이터가 쌓여, 결국 자율주행이 직접 운전보다 더 낫다는 것이 입증된다면 세상은 어떻게 바뀔까? 아무래도 대중교통은 자율주행으로 대체될 확률이 높을 것이다. 하지만 그 이전에 자율주행 차량에서 사고가 났을 때 책임이 누구에게 갈 것인지가 먼저 정리되어야 할 것이다.

일본의 경우 운전자가 있는 상태인 레벨 3 단계까지의 사고에는 원칙적으로 차량 운전자가 배상 책임을 지도록 하고 있다. 독일은 자율주행 수준과 관계 없이 사고 책임의 대부분을 차량 운전석에 앉은 사람이 지도록 하고 있다. 다만 사고 발생 시 블랙박스 기록을 분석해 자율주행 시스템의 오류가 발견됐을 때는 제조사가 책임진다.

한국에는 이에 관한 법률이 아직 없다.[6] 때문에 확실한 데이터로 증명될 때까지 자율주행을 시험하며 기록을 쌓는 과정이 더 많이 필요하다.

인간은 이제 자동차를 직접 몰 수 없게 될까?

자율주행이 보편화 되면 출퇴근 등이 목적인 일반적인 이동은 공공의 자율주행 자동차가 도맡을 것으로 보인다. 한편 사람이 직접 하는 운전은 레저용 형태로 변형돼 일종의 값비싼 장난감 개념으로 차별화될 가능성이 있다. 그렇게 된다면 굳이 개별 차량 한 대 한 대를 움직이는 자율주행이 필요하겠느냐는 견해도 있다. 하지만 버스와 택시, 렌터카의 역할이 다르듯 각자 필요와 역할에 맞는 형태의 자율주행 자동차가 개발되어 도로 위에 서리라고 본다.

자율주행을 거부하는 움직임도 물론 있을 것이다. 인간은 내 손으로 속도를 다루며 놀고 싶은 욕망이 있다. 더군다나 요즘은 혼자 부담 없이 있을 공간이 많지 않다 보니 자동차 안에서 자신만의 시간과 공간을 누리고 싶은 욕구 역시 분명히 존재할 것이다.

자율주행 시스템이 훗날 정착된다면 자율주행 자동차와 관련한 유지비용은 훨씬 저렴해질 것이다. 자동차 회사 입장에서도 자동차 한 대를 한 사람에게 팔고 마는 것보다는 여러 사람이 구독하도록 해서 꼬박꼬박 임대료를 받는 편이 더 큰 수

익을 낼 수 있다. 또 소비자 입장에서는 차를 한 대 갖기보다 공공서비스처럼 여럿이 공유하면서 보험료도 적게 내는 쪽을 선택할 것이다.

반면 자신이 직접 차를 구매해 몰고 싶은 사람은 궁극적으로 더 비싼 유지비를 대야 하는 입장이 될 것이다. 그러다 보면 결국에는 돈 있는 사람만이 직접 몰 수 있는 자동차를 소유하는 형태로 바뀔지도 모른다. 중세 유럽의 부유한 귀족들이 가마나 마차 대신 제 손으로 말을 몰고 다니기를 좋아했던 것처럼 말이다.

오히려 자율주행의 안정성이 모두 입증된 상태에서 누군가 스스로 하는 운전을 고집하다 사고를 내 타인을 해치는 경우가 발생하면 사회적인 문제가 될 수도 있다. 이를 방지하기 위해 자동차에 아예 핸들을 장착하지 않는 시대가 올 수도 있다. 이렇게 되면 극단적으로 인간의 운전을 금지하는 법이 제정될 수도 있지 않을까 싶다.[D]

정리하기
자율주행

1. 자율주행은 센서와 통신 기술, 인공지능, 그리고 자동차 하드웨어를 연결하는 기술로 완성된다. 자율주행 기술은 단계별 분류에 따라 기본적인 감가속을 덜어주는 것부터 운전자가 운전석에 없어도 자동차가 알아서 움직이는 수준까지로 나뉜다.

2. 자율주행이 가장 먼저 적용될 분야는 군집운행이다. 군집운행을 도입하면 사람 0~1명이 탑승한 채 트럭 네 대 이상을 동시에 움직이도록 해 효율성을 극대화할 수 있다. 자율주행 기술을 주도하는 주요 기업으로는 엔비디아와 테슬라 등이 있으며 다양한 스타트업이 자율주행 시장으로 진출하는 중이다.

3. 자율주행 자동차가 사고 발생 면에서나 교통 흐름 측면에서도 우월하다는 데이터가 입증되면 도로 위는 결국 자율주행 자동차가 대부분을 차지할 것이다. 반면 사람이 운전하는 자동차는 값비싼 레저용품으로 변형돼 돈 있는 사람만이 스스로 운전하는 권한을 쥐게 될 가능성이 있다.

4장

스마트팩토리,
생산과 소비를 송두리째 바꾸다

다품종 다량생산을 구현하는
사이버 피지컬 시스템

스마트팩토리는 4차 산업혁명 시대의 새로운 생산 방식을 대표한다. 이는 소품종 대량생산과 다품종 소량생산의 시대를 넘어서 다품종 다량생산의 시대를 가져왔으며, 더 효율적이고 합리적인 공장 관리를 가능케 한다. 인간에게 더 다양하고 덜 복잡한 생산의 시대가 열린 것이다.

스마트팩토리 구현을 위해서는 공장의 각 기기가 소통할 수 있어야 한다. 이를 위해 공장의 기기가 네트워크로 연결되어 있어야 하며, 이를 인공지능이 효율적으로 통제할 수 있게 해 주어야 한다. 또, 공장의 각 설비 및 장치의 상태를 파악하고 연결하는, 인공지능의 말초신경이자 감각기관의 역할을 하는 센서가 매우 중요하다. 그럼, 4차 산업혁명이 바꿀 산업 현장의 모습은 어떨지 들여다보도록 하자.

스마트팩토리의 핵심, 사이버 피지컬 시스템

스마트팩토리는 말 그대로 '스마트'한 공장이다. 스마트팩토리의 스마트함은 '사이버 피지컬 시스템cyber physical system'이라고 하는, 기계와 인공지능의 결합에 기인한다. 말이 어려워 보여도 직역하면 간단하다. '가상 물리'라는 의미다.

가상 물리 시스템에서는 '디지털 트윈digital twin'이라고 하는, 물리적 공장의 가상 쌍둥이를 만들 수 있다. 간단하게 생각하면, 공장의 모든 기계가 디지털화되어 디지털 세상에 복제된 것이나 마찬가지다. 이 디지털 세상의 공장은 물리력이 없기 때문에, 그 공장을 어떻게 조정한다고 해도 특별한 비용이나 문제가 발생하지는 않는다. 여기서 스마트팩토리의 스마트함이 진가를 발휘하는 것이다.

자동차 공장의 생산 라인을 예로 들어보자. 현재 공장의 자동화가 많이 이루어져 있어서, 무인 작업이 이뤄지는 라인이 이미 꽤 된다. 용접의 경우 기계가 거의 다 한다고 할 수 있다. 그런데 이 자동차 공장이 소형차를 용접하던 라인에서 대형차를 조립하기로 결정했다면, 지금까지는 사람이 각각의 기계 위치를 일일이 세팅해 줘야 했다. 용접 등의 작업 포인트가 달라졌기 때문이다.

물론 지금의 기술로도 네트워크를 통해 변경된 위치를 한번에 전송해 바꿀 수는 있다. 하지만 이렇게 위치를 한번에 조정한다고 하더라도 이것이 정확하게 작동할지를 확신할 수가 없어서, 결국 사람이 일일이 만져서 확인하고 재조정해야만 한다. 만약 조정해 둔 용접 위치에서 작업 도중 문제가 생긴다면, 모든 라인의 가동을 멈추어야 한다. 그리고 사람이 직접 붙어서 무엇이, 어디서, 어떻게, 왜 잘못됐는지를 직접 답을 찾을 때까지 한참동안 살펴야 한다. 이런 경우 공장은 몇 날 며칠을 인간이 그 원인을 찾아낼 때까지 멈춰 있을 수밖에 없었다.

스마트팩토리 속 '디지털 트윈'의 차이점은 이 과정을 사이버 피지컬 시스템으로 먼저 시뮬레이션한다는 점이다. 제품을 생산하기 위한 최적의 방법을 인공지능을 통해 확인하고 그 결과를 인공지능이 직접 입력해 IoT가 장착된 라인에

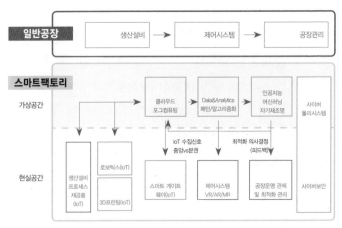

일반 공장과 스마트팩토리의 차이를 설명하는 개념도[1)]

바로 반영한다. 그러면 각 라인이 무선 네트워크를 통해 이에 맞는 자재를 공급받고, 각 기계의 위치 역시 이에 맞춰 조금씩 자리를 잡게 된다. 말 그대로 가상과 현실이 한 짝을 이뤄 작동하는 모습이다.

공장 가동 중 발생하는 에러를 해결하는 것도 스마트팩토리가 훨씬 유리하다. 사이버 피지컬 시스템을 구성하는 기계에는 센서가 부착되어 있는데, 이렇게 각 부분마다 설치된 센서가 사이버상에서 이상 징후를 확인하면 네트워크를 통해 신호를 보낸다. 그러면 인공지능이 이 문제의 해결책을 찾은 뒤 피드백까지 알아서 주고받으며 위치를 바꾸거나 오차를 수정하는 것이다. 스마트팩토리는 이 모든 과정을 사람의 손을 거치지 않고 해낸다. 덕분에 엄청난 시간을 단축하고 시행착오 역시 크게 줄일 수 있다.

다품종 대량생산의 미래

앞서 언급했듯이, 사이버 피지컬 시스템은 '다품종 다량생산'을 가능하게 한다. 사이버상에서는 고객이 원하는 주문 정보를 언제든 반영해 생산 조건을 수시로 변경할 수 있다. 실시간으로 시뮬레이션을 실시해 새로운 요구조건이 왔을 때 문제가 없을지, 속도는 어떻게 조정해야 할지도 체크할 수 있다. 이렇게 시뮬레이션을 마친 후 스마트팩토리는 필요한 물건을

아디다스 스피드팩토리의 내부 전경(스피드팩토리 홈페이지)

고객의 요구에 맞춰 하나의 유기체처럼 움직여 결합한다. 체크한 결과에 따라 피드백을 보내는 것은 기본이다.

　대표적인 예가 아디다스 본사가 있는 독일 남부 바이에른 주의 '스피드팩토리Speed Factory'다. 로봇 자동화 시스템을 이용한 최첨단 신발공장으로, 현재 안스바흐 지역에서 시범 가동 중이다. 스피드팩토리는 아디다스와 독일 정부, 아헨 공대가 연구하고 개발한 합작품이다. 스피드팩토리는 독일의 대표적인 스마트팩토리로 150여 명의 인력만으로 연간 50만 켤레의 운동화 생산이 가능하다. 이는 과거의 일반 공장 체제에서는 600명이 필요했던 생산량이다.

　스피드팩토리의 가장 큰 특징은 바로 개인 맞춤 제품을 최단 시간에 공급한다는 점이다. 소비자가 원하는 신발의 스타일을 앞면, 옆면의 디자인은 물론 밑창과 끈까지 자유롭게 선택하면 그날 공장으로 주문이 입력돼 나만의 색깔과 디자인으로 신발을 제작해 준다. 이때 맞춤 제품을 생산해 내는 데 걸리는 시간은 고작 5시간 이내에 불과하다.[1] 이렇게 생산된 제품을 전 세계로 배송하는 데에는 5일 정도가 걸린다. 만약 본토에서 주문한다면 단 하루만에 받을 수 있다. 특별한 모양과 색깔로 구성된 단 하나뿐인 신발을 인터넷으로 주문해 다음날 바로 신어보는 세상이 된 것이다.

'공장제 테일러샵(맞춤형 공장)'의 출연이 의미하는 것

스마트팩토리로 맞춤형 공장이 보편화되면 모든 물건을 개별 소비자의 취향에 맞춰 만들어 낼 수 있다. 이전까지는 기성품을 산 이후에 기장을 조절해가며 제품을 내 몸에 맞춰야 했으나, 이 시스템이라면 공장에서부터 이미 맞춤복으로 다 만들어 주는 일이 가능하다. 옛날 테일러샵의 개념이 완전히 디지털화되어 다량생산의 형태로 넘어오는 것이다. 이는 단순히 노동력을 줄일 수 있다는 개념을 뛰어넘는다. 지금까지 대량생산으로 제품의 단가를 낮추던 방식과는 정반대가 되는 일이다.

기존의 공장들은 대량생산을 위한 원가 절감을 목적으로 해외로 공장을 옮겨왔다. 하지만 스마트팩토리가 만들어지면 해외에서 대량으로 제품을 생산해 실어오던 이전 방식보

다, 소비자 근처에서 커스터마이징해 빨리 전달하는 편이 더
나을 수도 있다. 기존의 생산 체계와 다른 생산 시스템이 도
래하게 되는 것이다.

스마트팩토리의 열쇠가 되는
센서 기술

스마트팩토리의 키는 센서 기술이 쥐고 있다

스마트팩토리가 완전히 상용화되려면 시간이 조금 더 필요하다. 스마트팩토리를 구성하기 위해서는 공장 대부분의 설비에 수많은 센서가 달려야 하며, 기존 전산시스템과의 통합과정 또한 필요하다. 보통은 제품 하나를 만드는 데 쓰이는 부품이 수십 개 정도이고, 이 부품을 생산하는 협력 공장 역시 그만큼 있기 마련이다. 이 경우 자동화된 부품 수급이 가능하려면 결국 이 협력업체들과도 빠짐없이 연결되어야 한다. 단가 계산은 물론 손익분기를 얼마나 잡을지에 대한 시스템도 구축해야 하기 때문에 생각하고 넘어갈 문제가 많다. 이처럼 자질구레하고 부수적인 기능까지 모두 고려가 되어야 스마트팩토리를 완전히 구축할 수 있다.

스마트팩토리의 상용화 여부는 센서 산업과 매우 밀접하게 연결된다. 인공지능이 스마트팩토리의 두뇌라면 인공지능에

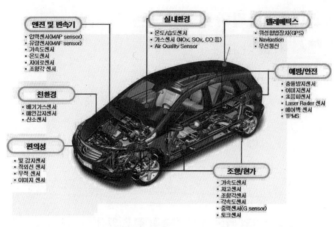

자동차 한 대에 들어가는 수많은 센서들[2]

게 정보를 전달하는 눈과 귀이자 말초신경이 바로 센서이기 때문이다. 스마트팩토리가 원활하게 돌아가려면 정보를 하나하나 확인하는 과정이 아주 짧고도 정교해야 한다. 전체적인 라인의 컨디션뿐만 아니라 용접 하나하나가 잘 됐는지 바로 확인할 수 있어야 좋다. 이런 형태로 처음부터 끝까지 부드럽게 돌아가려면 많은 종류의 센서가 필요하다.

이와 같이 센서는 인간이 오감을 통해 종합적으로 의식을 가동시키듯 기계를 위한 각종 감각기관이 되어 제 역할을 수행한다. 물론 그 이상도 해낸다. 그러나 인간의 오감은 한계를 지니고 있다. 시각은 일정한 거리와 크기만 볼 수 있으며, 청각의 경우 일정한 범위의 주파수만 구분할 수 있다. 따라서 인간은 고래가 내는 초음파는 전혀 들을 수 없다.

하지만 센서는 이러한 한계를 뛰어넘을 수 있다. 대표적인 사례가 인간보다 훨씬 민감하게 냄새를 맡을 수 있는 기체 감지 센서다. 그리고 어군탐지기 등에 사용되는 초음파감지기는 인간의 귀로 들을 수 없는 고주파대 음을 감지한다. 이외에도 적외선을 이용한 야간투시센서, 초정밀 소리감지 센서, 위성을 이용한 거리 및 위치 측정 센서 등은 인간이 미처 감지하지 못하는 것들을 거뜬히 해낼 수 있다.

시장조사기관 'BBC 리서치'는 지난 2010년 65조 원이었던 세계 센서 시장규모가 2021년이면 220조 원으로 성장할 것으로 예측했다. 또한 일본 경제 전문지 『닛케이베리타스』는 2020년대가 되면 전 세계에 1조 개가 넘는 센서가 상용화될 것으로 전망했다.[3]

미국과 유럽은 스마트센서 분야를 국가핵심 산업으로 육성하고자 관련 법과 제도를 마련해 물꼬를 터줌은 물론 원천기술, 자본, 설비, 인력 등 성장 인프라에도 투자를 지속하고 있다. 특히 LETI(프랑스), IMTEK(독일), CSEM(스위스) 등 대학연구소 및 국가지원연구소를 중심으로 스마트센서 연구 결과를 활용하는 방안을 추진하는 중이다. 일본은 고령화 및 인력 부족에서 발생하는 의료 문제를 해결하고자 스마트센서를 키워나가려 한다.

한편 우리나라의 센서 시장 점유율 및 그 기반은 여전히 취약하다. 국내 센서 내수시장은 2012년 54억 달러에 비해

2020년 99억 달러 규모로 연평균 10.4%씩 성장할 전망이나 국내기업의 내수시장 점유율은 단 10.5%에 불과해 매우 낮은 수준이다. 국산 센서를 생산하는 센서 전문기업도 2/3에 해당하는 63%가 연 매출액이 50억 원에도 미치지 못하는 영세기업으로 구성되어 있기에 글로벌 시장에서의 험난한 경쟁이 예상된다. 한편 정부는 2012년 센서 산업 발전 전략을 발표하면서 2014년부터 2019년까지 6년간 자금 약 3,300억 원을 지원 중이다.[4]

한편 센서는 전기를 적게 쓰면서도 단가는 저렴하게 만들어야 한다. 좋은 센서는 전력을 많이 소비하지 않는다. 아예 전력을 쓰지 않으면 더 좋다. 예를 들어 가스관 누출을 감지하

용접선 자동 추적용 레이저 비전 센서

는 센서가 있다고 하자. 만약 이 센서가 전기로 작동한다면 센서에 수소나 여타 가스가 누출될 경우 스파크가 생겨 불이 붙거나 폭발할 위험이 있다. 이런 사고를 방지하기 위해서는 전기를 쓰기 보다는 특정 촉매를 달아서 가스가 새었을 때 색깔이 달라지게 하는 방식과 같은 접근이 필요하다.

센서의 가격도 정말 중요하다. 한국생산기술연구원이 발표한 용접기계에 관한 자료에 따르면 배 한 대를 건조할 때 전체 건조비용의 3분의 1이 용접비로 나간다. 현재 이 프로세스를 전부 자동화할 수 있는 나라는 독일과 일본뿐이다. 시각센서를 통해 용접기가 용접하고자 하는 위치에 정확히 가게끔 해야 하는데 그 센서의 가격만 4000만~1억 원대에 이른다.

그런데 2018년 한국생산기술연구원이 그 단가를 단 천만 원대로 줄여서 화제가 되기도 했다. 용접 자동화 장비의 '눈'에 해당하는 레이저 비전(시각)센서를 자체 개발하는 데 성공한 것이다. 성능은 우수하지만 가격은 외국의 20% 수준인 1,000만~1,500만 원으로 낮아졌다.[5]

3D프린팅은 제조에 어떻게 활용될까

3D프린팅은 종이에 잉크를 뿌려 인쇄하듯 다양한 소재를 활용해 3차원의 물건을 출력하는 제조기술이다. 3D프린팅 기술이 초창기에는 제조 과정 전체를 뒤흔들 혁명적인 기술로

평가받기도 했지만 현재는 기존 제조 과정을 보완하는 역할 정도를 담당하고 있다. 3D프린터의 장점은 뚜렷하지만, 기존 공정에 품질과 생산성이 더 유리한 점이 있기에 모든 곳이 3D 프린터화 되는 데에는 한계가 있었다. 스마트팩토리도 이와 비슷하게 기존 공장 체계를 기본으로 하되 일부 특별한 수요 를 만족시킬 수 있는 영역을 중심으로 우선 적용될 것이다.

3D프린터는 시제품을 만들 때 유용하게 쓰인다. 자동차의 경우 한 대에 들어가는 부품만 2만 개가 넘는데, 그래서 대량 생산을 결정하기 전에 3D프린터로 시제품을 만든다. 요새는 웬만한 완성차 연구소에서 고가의 3D프린터 장비를 어렵지 않게 볼 수 있다. 또 3D프린터는 질감과 입체감을 잘 표현해 주기 때문에 조각과 같은 예술분야에도 적용이 가능하다.[A]

이전까지는 3D프린터로 출력할 수 있는 소재가 한정적이 어서 여러 분야에 쓸 수가 없었다. 그러나 근래에 소재공학이 발달해 다양한 소재를 쓸 수 있게 바뀌었다. 이 덕분에 생체 재료를 3D프린터로 출력하는 것도 가능해졌다. 지금까지는 세포를 넣고 배양할 때 일정한 모양을 잡기가 쉽지 않았다. 이 때 가이드가 되어주는 틀을 만들고 3D프린터로 생체조직을 출력하면 원하는 모양을 만들 수 있다. 생체재료로 연골이나 인공 치아를 만들 수도 있으며, 2012년에는 같은 기술을 써서 83세 여성을 위한 인공 턱뼈를 만들기도 했다.[B]

의수 및 의족 분야에도 3D프린팅이 각광받고 있다. 인공 팔이 비쌀 수밖에 없던 이유는 사람마다 절단 부위와 팔의 굵기가 달라 모든 의수를 개개인에 맞춰 만들어야 했기 때문이다. 이 경우 3D프린터를 이용하면 자신의 정상적인 팔을 스캔한 다음 대칭시켜서 자신에게 꼭 맞는 팔을 만들어 낼 수 있다. 별도로 주형을 뜰 필요가 없기 때문에 훨씬 저렴하게 제작할 수 있는 것이다.

영국 브리스톨에 있는 '오픈 바이오닉스Open Bionics'라는 회사는 저렴하면서도 가벼운 보급형 바이오닉 팔을 개발한다. 심지어 누구나 쉽게 따라 만들 수 있도록 3D프린터 설계 도면을 공개해 놓는다. 바이오닉 팔을 장착한 아이가 친구들로부터 놀림을 받지 않고 오히려 부러움을 살 수 있도록 아이언맨 팔이나 스타워즈 캐릭터의 팔, 겨울왕국의 엘사 팔처럼 만들어 보급하고 있기도 하다.[0]

요즘 3D프린터가 각광받는 또 다른 분야는 건설업이다. 콘크리트를 프린터의 잉크같이 쓰는 것이다. 특히 미 해병대가 진지구축을 3D프린터로 하기도 했다. 1개 대대가 들어갈 병영을 단 3일만에 지었다. 보통은 해병들이 적진에 들어가면 5일간 수많은 병력이 동원돼 열심히 진지를 짓고 이와 동시에 경계도 서야 한다. 그런데 3D프린터를 사용하면 소수 병력만 진지구축에 투입되고 나머지는 다른 작전에 집중할 수 있다.

건설에 쓰이는 3D프린터는 아파트를 지을 때 쓰는 타워크레인과 비슷하게 생겼다. 규모는 그보다 작아서 약 3~4층 높이쯤 된다. 건설용 3D프린터를 이용해 건물을 올리면 작업이 확실히 훨씬 빨라지고 쉬워진다. 덕분에 주거용 빌라를 짓고자 할 때에도 2층집 정도는 하루이틀만에 지을 수 있다. 시간도 아끼고 인건비도 매우 절약할 수 있다.

건설용 3D프린터는 제3세계에서 더 주목받고 있다. 적정 기술의 가치가 있기 때문이다. 쉽게 말해 어딘가에 지진이 발생해 급히 대피소가 필요할 경우, 예전에는 텐트를 치는 수밖에 없었다. 하지만 3D프린팅을 도입하면 거칠더라도 몇 달 머물 곳 정도는 충분히 짧은 시간에 만들어 낼 수 있다.

스마트팩토리와 공장 노동자의 미래

로봇과 인공지능이 공장으로 들어온다면 과거 기계와 컨베이어벨트가 등장했을 때처럼 실업률을 높일 가능성이 크다. 하지만 2018년 9월경에 영국 노조 TUC는 인공지능과 자동화 시스템에 거부감을 표시하는 대신, 로봇 등의 투입으로 생산성이 높아지면 노동자들에게 더 많은 임금을 지급하며 근로시간을 줄이면 된다고 말한 바 있다. 기술 발전에 따른 이익을 사측이 노측에 분배하면 아무런 문제가 없다고 주장한 것이다. 다시 말해 지금은 새로운 기술에 따른 부를 나눠 가질 시기이며, 로봇을 단순히 노동자의 적으로만 봐서는 안 된다는 주장이다.[6]

그러나 분명 로봇도 인공지능과 마찬가지로 이를 다루는 하나의 산업이 따로 형성돼 이에 따른 다른 종류의 일자리가 생길 것이다. 과거 생산직 근로자의 수가 줄면서 서비스업이 크게 늘어난 것처럼 양적으로는 필요한 노동력이 대거 줄어들지 몰라도 질적으로는 새로운 종류의 일자리가 생길 가능성이 높기 때문이다.

스마트팩토리

1. 스마트팩토리는 사이버 피지컬 시스템, 즉 가상 물리로 실현된다. 시뮬레이션을 통해 공장을 가동할 최적의 방법을 미리 확인할 수 있기 때문에 기존과 달리 엄청난 시간을 단축할 수 있고, 시행착오 또한 줄일 수 있다. 이로써 다품종 다량생산의 공장제 테일러샵 구현이 가능하다.

2. 스마트팩토리가 제대로 가동되려면 각종 정보를 전달하는 센서들이 말초신경처럼 거의 모든 설비 공정에 퍼져 있어야 한다. 이러한 센서의 종류는 무엇을 어떻게 측정하는지에 따라 천차만별이다. 센서는 전기를 적게 쓰면서 단가가 저렴한 쪽이 유리하다.

3. 스마트팩토리는 기계가 인간의 노동을 대체해 실업률을 높이게 할 가능성이 크다. 이때 기계를 단순히 노동자의 적으로 바라보기 보다 새로운 기술이 가져다 줄 이점을 사측과 노측이 함께 나눠 가지는 지혜가 필요하다. 한편으로는 스마트팩토리와 관련된 산업이 따로 형성돼 이에 따라 또 다른 일자리가 생길 것이라는 시각도 있다.

스마트팩토리는
하나의 거대한 로봇이다?

요즘 로봇이라는 말을 별로 쓰지 않는 과학자들이 더러 있다. 현재 로봇이라는 말은 스마트팩토리에서 말하는 자동화와 거의 동의어가 됐다. 자동화기기는 사람으로 치면 운동신경을 갖춘 근육 정도며 말 그대로 자동화를 구현하는 기계에 불과하다. 이는 미디어와 대중이 알고 있는 로봇의 느낌이 아니다. 로봇의 종류 중 인간의 모습을 하고 있는 것을 인간형 로봇, 즉 안드로이드라고 한다. 또 완전한 인간형 로봇은 아니더라도 관절을 모터로 하여 움직이는 형태의 로봇이 있는데 이 두 형태의 로봇이 우리가 기존에 알고 있는 형태의 로봇에 가깝다.

그러나 이제는 크기나 형태와 상관없이 스스로 움직이거나 원격으로 조종되어 명령을 수행한다면 모두 로봇이라고 말한다. 이렇게 보면 자율주행 자동차도 결국 자동차의 형상을 한 로봇이다. 만화에 나오는 로봇카처럼 말이다. 센서와 스위치로 작동하는 공장도, 가정에서 자동으로 가스레인지에 불을 켜게 만드는 IoT기기도 어떻게 보면 각각 공장과 가정집 모양의 로봇이라 볼 수 있다.

이토록 로봇의 정의가 모호해지다 보니 차라리 전통적인 로봇만 로봇이라고 부르자는 사람들도 있다. 로봇의 정의를 어디서부터 어디까지로 볼지 통일된 개념은 아직 없다. 미디어에서 보는 아톰과 같은 인간형 로봇을 연구하는 집단은 매우 극소수다. 왜냐하면 사실 그 방식이 아주 실용적이지는 않기 때문이다.

최근 연구되고 있는 로봇은 오히려 미세하고 가느다란 형태의 것들도 있다. 어떤 것들은 기계가 아니기도 하다. 체내에 들어가는 마이크로 로봇은 금속 조각이나 혹은 미생물을 조금 응용한 생체의 형태로 제작되기도 한다. 작은 바늘 조각을 움직이는 셈이다. 그러나 이를 로봇이라 부르는 이유는 외부에서 자기장으로 원격조종이 가능하고 자동화가 되어 혼자 움직일 수 있기 때문이다.

5장

스마트시티는
공상과학도시일까?

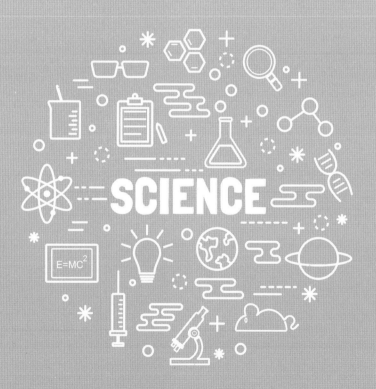

도시를 똑똑하게 만드는
IoT와 인공지능

4차 산업혁명이 구현해 낼 스마트시티^{Smart City}라고 하면 보통 어떤 모습을 떠올릴까? 자기부상차량이 도로나 공중을 마음껏 날아다니고 건물 모양은 당장 외계와 교신이라도 할 듯이 솟아오른, 말 그대로 '미래적'인 풍경을 많이들 상상할 것이다. 그러나 4차 산업혁명 전문가들은 도시의 풍경이 그렇게까지 확 바뀌지는 않을 것이라고 말한다. 이전과 생김새가 다를 바 없는, 말 없는 기계장치들의 속이 굉장히 스마트해진 덕이다. 변화는 도시의 외형이 아닌 보이지 않는 내부에서 훨씬 현실적이며 구체적으로 진행되고 있다. 인간이 쌓아올린 건축적 유산에 디지털 업그레이드가 새롭게 더해지면서 지금도 새로운 종류의 도시가 각지에서 탄생되고 있다. 인류는 우리가 인터넷의 세계를 구축하던 것과 같은 방식으로 스마트시티를 건설하고 있는 것이다.[A]

IoT. 센서, 인공지능이 스마트시티를 짓는다

스마트시티는 간단히 말해 도시 전체가 첨단 정보통신기술을 입고 네트워크로 연결된 곳이다. 스마트시티는 IoT와 센서 그리고 인공지능으로 완성된다. 도시 곳곳에 산재한 여러 가지 센서들을 통해 실시간 다양한 데이터를 얻고 이를 기반으로 인공지능이 최적의 솔루션을 제공한다. 스마트시티의 성공여부는 삶의 질을 향상시키기 위해 도시가 얼마나 쾌적한 환경을 제공하는가에 달려 있다.

스마트시티가 우리 생활에 주는 이점을 큰 덩어리로 분류하자면 세 가지가 있다. 주차 및 트래픽 문제 완화, 에너지 절약 그리고 안전한 삶을 위해 필요한 치안이다. IoT, 센서, 인공지능이 합세하면 자리가 비어 있는 주차장으로 가장 쾌적

스마트시티의 기본은 도시를 구성하는 사물이 네트워크로 연결되어 소통하는 것이다.

한 루트를 이용해 이동할 수 있으며, 우리가 숨을 쉬는 내내 에너지가 어디서 어떻게 쓰이는지 알아서 체크할 수 있다. 또 CCTV 등의 장치가 어디서든 보호자처럼 걷는 길을 지켜봐 주는 덕에 안심하고 밤거리를 돌아다니는 것이 가능하다.

도시의 주차문제를 해결하는 스마트 가로등

스마트 가로등은 주위의 환경 정보를 각지로 공급하는 일종의 허브 역할을 하는 가로등을 말한다. 스마트시티에서 가로등이 주목받는 이유는 가로등만큼 도시 어디에나 틈틈이 자리한 조형물이 없기 때문이다. 기존에 촘촘히 있던 가로등을 스마트 가로등으로 변환해 사용하면, 매우 효율적으로 기존 도시를 스마트시티로 만들 수 있다.

바르셀로나는 스마트 가로등으로 도시의 주차 문제를 해결한다. 주차 공간마다 차가 있는지 없는지 확인하는 센서를 설치해 자동차가 그 자리에 주차를 하면 해당 정보를 근처에 있는 스마트 가로등이 받아 전달한다. 이렇게 모아진 정보는 다시 각 자동차의 내비게이션으로 전송된다. 사용자는 애플리케이션으로 실시간 정보를 확인하며 수많은 주차장 중 어디가 얼마나 비었는지 알 수 있다. 그만큼 빈 주차 공간을 찾으려고 돌아다니는 시간(사람들은 전체 수명의 4년을 빈 주차 공간을 찾는 데 소모한다고 한다)을 절약하는 것이다. 바로셀로나는 스마트 주차를 시내 주요 번화가에 확대 도입하면서 교통 체증을 줄이는 동시에 스마트시티로 변화해 가고 있다.[1]

교통사고나 도로 혼잡에 관한 문제를 IoT로 해결하는 일은 우리나라도 하고 있다. CCTV와 센서가 교통 체증 현장을 중앙관제소로 보내주면, 거기에서 각 차량으로 현재 상황이 어떠하니 우회하라고 알려준다. 내비게이션이 해주는 정보 전달 방식이 더 똑똑해진 덕에 도시 전체의 교통 흐름을 더 빠르게 한 눈에 알 수 있다.

예를 들어 어떤 사람이 A에서 B로 가고 싶다며 내비게이션에 요청할 경우 지금까지는 앞뒤 가리지 않고 최단거리만 찾아줬다. 그러나 이제는 교통 흐름을 토대로 돌아가더라도 최상의 시간으로 도착하는 코스를 알려준다. 스마트시티는 교통을 분산시키기도 하고 교통에 들어가는 비용을 줄이는 역할도 해낸다.

스스로 에너지를 절약하는 스마트 빌딩

스마트시티의 빌딩, 즉 스마트 빌딩도 스마트시티에서 큰 비중을 차지한다. 스마트 빌딩은 스스로 에너지 사용량을 조절하여 효율적인 스마트시티를 만드는 데 기여한다. 이런 빌딩은 현재 건물 안에 인원이 얼마나 있는지 파악하고, 외부온도와 내부온도를 확인한다. 사람이 없는 층의 냉난방이나 전

등을 자동으로 끄는 것은 물론이다. 스마트빌딩은 이와 같은 에너지 관리 시스템을 통해 관리비 절감에 도움을 준다.

2017년에는 삼성전자와 LG전자가 IoT를 기반으로 한 빌딩 에너지 절감 기술을 선보이기도 했다. 삼성은 공조, 조명, 보안 등 다양한 설비를 하나의 IoT 시스템으로 통합해 빌딩 운영의 효율성을 높일 수 있다고 강조했다. 삼성만의 에너지 절감 알고리즘으로 미적용 대비 최대 25%까지 에너지 사용량을 절감할 수 있다는 것이 그들의 설명이다. 또 LG는 인체감지 운전을 활용해 사람이 있는 공간부터 먼저 온도를 조절하는 시스템 에어컨과 지열을 활용해 온도를 유지하는 고효율 냉난방기를 선보인 바 있다.[2)]

인공지능 CCTV가 치안을 관리한다

스마트시티의 치안은 인공지능 CCTV가 관리한다. 일반적인 CCTV와 마찬가지로 건물 출입구에 설치된 CCTV는 방문객을 일일이 확인한다. 인공지능형 CCTV가 특별한 것은, 수상한 사람이나 강도가 들어와 일정 시간 이상 머물거나 허가되지 않은 영역으로 이동하면 경비나 경찰에게 바로 알려줄 수 있다는 점이다.

학교와 같은 교육시설 주변에 설치되어 있는 기존의 CCTV에 인공지능을 더해 치안을 강화하기도 한다. 길거리에 이상

행동을 보이는 사람이 파악되면 이 경우에도 경찰을 출동시켜 치안문제를 해결할 수 있다.

송도 비즈니스지구는 국내에서 스마트시티와 관련된 움직임이 가장 활발한 곳이다. 인천 연수경찰서와 인천 경제자유구역청은 2017년부터 송도 지역의 지능형 CCTV 솔루션을 인천 연수경찰서 112 종합상황실에 구축했다. 지능형 CCTV는 범죄 차량의 이동 경로를 추적함은 물론, 카메라 렌즈의 성능이 개선되어 얼굴 인식까지 가능하다. 송도 지역을 오가는 차량번호를 인식할 뿐 아니라 수배 · 도주 차량 등을 미리 파악하는 등 범죄 예방 차원에서 유용하게 사용할 수 있다. 특히 중요 범죄 발생 시에는 차량 또는 사람의 도주 방향을 실시간으로 확인할 수 있어 신속한 범인 검거가 가능하다.[3]

쓰레기통마저 똑똑해진다

스마트시티의 쓰레기통에는 사용량을 측정하는 센서가 부착되어 있다. 쓰레기통이 얼마나 찼는지 실시간으로 확인하는 것이다. 이 같은 정보는 쓰레기를 수거하는 미화원에게 어떤 경로로 작업하는 것이 최적의 동선인지를 알려줘 작업 효율을 높일 수 있다.

스마트 쓰레기통을 잘 활용하기로는 체코 프라하가 대표적이다. 쓰레기통에 센서가 내장돼 있어 쓰레기가 다 찼을 경우

이를 자동으로 압축한다. 게다가 중앙본부와 인터넷으로 연결돼 있어 수거시점을 알려주고 이에 맞춰 수거차량을 운영한다. 덕분에 쓰레기 수거 빈도가 최대 80%까지 감소하는 효과를 보았으며, 쓰레기 수거차량의 주정차로 생기던 교통혼잡 역시 눈에 띄게 줄었다.[4]

빅데이터가 심야버스 노선을 바꾸다

국내의 경우 2013년 서울시가 심야버스 서비스를 빅데이터를 근거로 최적화시킨 사례가 있다. 서울시민의 민원 채널 중 하나인 '120 다산콜센터'에서 발생한 데이터 60만 건을 분석한 결과 시민들이 교통분야에 가장 큰 관심을 나타냄을 알아내 심야버스 노선 수립에 활용했다. 최적화 과정을 거치지 않고 각종 설정을 사람 손으로 일일이 했다면 지금보다 더 많은 심야버스를 써서도 효율을 내지 못했을 것이다. 그러나 최적의 효율을 지향하는 첨단 기술을 이용하니 그 자체에 드는 에너지도 절약했을 뿐더러, 한정된 예산 내에 더 많은 사람이 혜택을 누리는 효과도 보았다.[5]

이와 같이 스마트시티로의 변화는 도시의 외관이 아닌 내부의 기능을 조금씩 개선하는 방향으로 이뤄지고 있다. 주차장의 예에서 확인했듯이 주차장을 찾기 위해 두세 번씩 돌아다니던 시간을 단 한 번으로 줄이게 되면 개인마다 하루 약 10

분의 시간을 아끼는 셈이 된다. 스마트해진 빌딩과 쓰레기통 역시 인간이 손을 써야 할 수고를 조금씩 덜어준다. 스마트시티는 그렇게 도시의 삶에 스며들고 있다.

우리나라 스마트시티의
미래와 과제

대한민국 스마트시티 1번지는 어디일까?

2017년 글로벌 시장조사업체 주니퍼 리서치Juniper Research가 세계 스마트시티 톱20을 뽑은 결과, 1위로 싱가포르가 선정됐다. IBM은 전 세계 공항에 다음과 같은 광고 문구를 남기기도 했다. "운전자들은 이제 교통혼잡이 일어날 것을 사전에 알 수 있습니다. 싱가포르에서는 더 스마트해진 교통 시스템이 90%의 정확도로 혼잡을 예측할 수 있습니다."[B] 한편 서울은 이 조사에서 6위에 뽑혔다.[6]

서울시는 자체적으로 스마트시티 플랜을 갖추고 있다. 서울은 스마트시티가 되는 과정을 어떻게 시민참여형으로 일궈낼지 고민하는 중이다. '민주주의 서울'이라는 이름의 플랫폼이 바로 그것이다. 서울시는 민주주의 서울을 통해 누군가가 정책을 제안하면 서울시민 회원 수십만 명이 모바일 투표를 통해 의견을 수렴한다. 어느 정도 득표율을 거두면 시정에도 적

부산 에코델타시티 조감도 홍보동영상

극 반영한다. 검토 끝에 최종 결론이 어떻게 났는지도 꼬박꼬박 알려주는 과정을 거친다. 참여형 개발을 통해 실생활에 가장 가려운 부분을 긁어주며 바꿔나가겠다는 움직임이다.[7]

한편 4차 산업혁명위원회 산하 스마트시티 특별위원회는 2018년 1월에 스마트시티 시범도시로 세종과 부산의 일부 블록을 지정했다. 세종 5-1 생활권은 정재승 박사가 마스터플래너로 임명되었고, 부산의 국가시험도시 '에코델타시티'는 황종성 한국정보화진흥원 연구위원이 마스터플래너가 되어 2021년 말 입주를 목표로 스마트시티 건설을 진행 중이다.[8]

세종 5-1 생활권은 주거·행정·연구·산업 등 다양한 기능이 융복합된 자족도시이자, 에너지 중심의 스마트시티가 되는 것이 목표다. 에너지 측면에서는 에너지관리시스템, AMI 및 전력중개판매 서비스를 도입하는 등 주거비용을 절감하고 지속가능한 도시를 구현코자 한다. 또한 교통 방면으로는 자율주행 정밀지도, 3차원 공간정보시스템 C-ITS 등 스마트 인프라를 기반으로 자율주행 특화도시가 될 계획이다. 또한 생활 및 안전 면에서도 스마트팜, 미세먼지 모니터링 그리고 재난대응 인공지능 시스템을 도입하고자 한다.

부산 에코델타시티는 수변도시라는 특징을 살려 워터시티 콘셉트를 목표로 하고 있다. 동시에 공항·항만 등 우수한 교통요건을 살려 국제물류와 연계되는 스마트시트로 구현하려 한다. 스마트 워터시티는 수열에너지 시스템, 분산형 정수 시스템 등의 혁신기술을 도입해 실현할 계획이며, 생활 및 안전 측면에서도 각종 도시 생활정보와 5G 와이파이, 지능형 CCTV등을 접목해 스마트 키오스크 단지를 구축할 예정이다. 또한 지진·홍수 통합관리시스템을 구축함은 물론 에너지 크레디트 존, 드론 실증구역 및 R&D 밸리까지 조성하는 것이 목표다.[9]

송도는 세계에서 가장 큰 도시 자동화 실험장이다. 수백만 개의 센서가 도로, 전력망, 수도와 쓰레기 시스템에 심어져 사람과 물질의 흐름을 추적하고 반응하며 심지어 예측하기도 한다. 존 체임버스John Chambers 시스코 시스템Cisco Systems CEO는 2009년 도시의 디지털 신경시스템을 만드는 데 4,700만 달러의 투자를 약속하며 송도가 정보로 운영되는 곳이 될 것이라 밝혔다.

기존 주택 대비 에너지 요구량의 61%를 절감하는 패시브 기술[10]

송도 국제 비즈니스 지구는 앞으로 건물 자동화를 도시 전체 규모로 확대해 온실가스 배출량 역시 2/3로 줄이려 하고 있다.ᄃ 밤에 보행자를 감지하는 카메라를 설치해 텅 빈 블록의 가로등을 끄는 식으로 안전하게 에너지를 절약할 계획이다. 차도의 자동차에는 RFID가 내장된 번호판을 설치해 자동차의 이동을 표시하는 실시간 지도를 만들 계획이기도 하다. 시간이 지나면 그간의 측정을 통해 수집된 자료로 미래의 교통 패턴을 예측하는 능력도 생길 것이다.ᄅ

에너지 제로 주택을 만들다

서울 노원구 하계동에는 이지하우스EZ House라는 이름의 에너지 제로 주택이 있다. 121가구 규모의 시범단지로 조성된 이 주택 단지는 기존 가구에 비해 에너지를 쓰는 양이 20분의

1밖에 안 된다. 우선 난방부터 지열로 하는 덕에 난방할 때 가스가 들지 않는다. 땅 위쪽과 아래쪽의 온도차를 이용해 물을 돌리는데, 이 물을 돌릴 에너지는 1,214개의 태양광 패널로 충당한다. 자체 수급량이 부족할 때만 외부 전기를 끌어온다.

무엇보다 큰 몫을 해내는 부분은 똑같은 추위나 더위에 에너지를 덜 써도 되게끔 돕는 주택의 형태에 있다. 벽과 문을 일반 가정집보다 두껍게 해 단열을 제대로 하는 덕이다. 보이지 않는 곳에도 열전도를 낮추는 장치가 있다. 보통 일반적인 주택은 온도에 민감한 쇠를 벽 내부를 지탱하는 철근으로 사용한다. 그러나 에너지 제로 주택의 철근은 양쪽 끄트머리를 스테인리스로 처리했다. 이렇게 하면 비용은 비싸지지만 열전도를 덜하게끔 하는 데 큰 도움이 된다.

실제로 폭염이 심했던 2018년, 에너지 제로 주택에서는 에어컨을 하루 평균 두 시간밖에 안 틀었다고 한다. 시원해진 후의 온도가 오래 지속되기 때문이다. 실제 수치로 비교해 봐도 2017년 7월 한 달 간 하루 24시간씩 에어컨을 틀어 실내온도를 25℃로 유지한 결과, 233kWh의 전력(전기료 50,000원)이 소요됐다. 같은 크기의 일반 주택에서 이 정도 온도를 유지하려면 700kWh의 전력(374,000원)을 사용해야 한다. 에너지 사용량은 66%, 전기료는 86%나 절감한 것이다. 이렇다 보니 다른 곳보다 더 오랜 시간 동안, 더 저렴한 금액으로 여름에는 시원하게, 겨울에는 따뜻하게 보낼 수 있다.[11]

스마트시티에도 과제는 있다

스마트시티의 장점은 많다. 그렇지만 스마트시티가 정착하는 과정에서 생겨날 문제들 역시 존재할 것이다. 우선 스마트화된 지역과 아닌 곳 사이의 디지털 격차이다. 송도는 스마트한 CCTV로 치안을 신경 쓴 결과 2~3년간 범죄율이 30%나 줄었다. 하지만 반대로 스마트하지 못해 혜택을 얻을 수 없는 곳은 어떻게 될까. 도시 전체가 스마트시티로 바뀐다 해도 도시 내부가 변해가는 과정 속에서 역시 소외되는 계층은 생길 수밖에 없다. 도시 내에서 가장 빨리 혜택을 볼 지역은 신개발지부터일 것이기 때문이다.

보안을 어떻게 관리할지의 문제 역시 남아 있다. CCTV가 지속적으로 우리의 일거수일투족을 기록한다면, 내 일상이 고스란히 드러나는 것과 다름없다. 고화질 CCTV 화면에서 홍채나 지문 데이터를 확보할 수 있는 시대에 이와 같은 상황을 반기기란 쉽지 않다.

빅데이터를 양성하고자 가명정보를 활용하는 방안도 비판적으로 생각해 봐야 할 문제이다. 가명정보란 주민등록번호, 이름, 전화번호 등을 삭제해 특정 개인을 알아볼 수 없도록 한 데이터이다. 정부는 개인정보를 보호하는 동시에 빅데이터를 적극 활용할 수 있게끔 가명정보를 개인 동의 없이도 기업들이 활용할 수 있게 하고자 한다.[12]

그러나 가명정보 여러 개가 모이면 탐정이 범인을 추리하듯 특정한 개인을 찾아낼 수 있다. 어떤 사람이 비염과 피부병을 동시에 겪고 있다. 이때 동네에서 비염을 치료받은 환자만 전체 목록에서 찾으려면 너무 많을 것이다. 그런데 몇 가지 정보가 추가되면서 찾으려는 인물이 비염 때문에 망우동에 있는 한 병원을 찾았고, 근처의 피부과도 다녀간 바 있으며, 나이는 50대 남자더라는 사실까지 알려졌다면? 인공지능이라면 이를 금방 찾아내어 누군지 탄로날 수밖에 없다.

이외에도 스마트시티가 지나치게 대도시 중심으로 구상되고 있는 점, 스마트시티를 주도하는 실질적인 주체가 결국 기업이라는 점도 우려된다. 스마트시티라는 똑똑한 도시가 정말 이를 필요로 하는 사람들을 위하며 지어지고 있는지, 아니면 단지 돈벌이를 위한 아파트 재개발의 연장선일 뿐인지를 돌아볼 필요가 있다. 스마트시티가 올바른 길로 가기 위해서는 결국 도시를 구성하는 공동체가 민주적인 방법으로 틈틈이 감시하고 견제하며 활발히 참여하는 길이 열려야 한다. 그래야 더 많은 시민이 스마트시티를 말 그대로 스마트하게 누릴 수 있다.

정리하기
스마트시티

1. 스마트시티는 도시 전체가 첨단 정보통신기술을 입고 네트워크로 연결된 곳이다. 일례로 스마트 가로등이 기점이 돼 사람들에게 실시간으로 정보를 제공하며 교통문제를 해결하고, 스마트빌딩이 스스로 에너지 사용량을 조절해 탄소 배출을 절감하기도 한다. 도시 곳곳에는 똑똑한 CCTV가 놓여 범죄를 예방할 수도 있다. 쓰레기차와 심야버스 역시 빅데이터를 통해 효율적으로 움직이게 된다.

2. 우리나라의 스마트시티로는 서울과 세종, 부산 그리고 송도가 주목되고 있다. 세종시는 에너지 중심의 스마트시티, 부산은 수변도시라는 특징을 살린 에코델타시티를 목표로 하며 송도 국제 비즈니스 지구는 세계에서 가장 큰 도시 자동화 실험장으로 손꼽힌다. 또 서울은 스마트한 민주주의 시스템과 에너지 제로 주택을 도입하는 중이다.

3. 스마트시티를 개발하는 중에도 과제는 있다. 스마트화 되는 지역과 그렇지 않은 곳 사이의 디지털 격차가 생길 가능성이 높다는 것이 그것이다. 일상생활이 디지털화되지 못해 소외되는 계층이

생길 것이며, 이는 곧 사회적 문제로 이어질 가능성이 높다. 또, 무분별한 CCTV 보안 체제로 생기는 사생활 문제를 누가 어떻게 책임질지에 대한 문제도 남아있다. 도시를 구성하는 공동체 모두가 머리를 맞대 민주적인 방법으로 스마트시티를 구상해야 할 필요가 있다.

스마트시티에서
인간의 삶을 도울 로봇

스마트시티의 로봇은 어떤 모습일까? 아무래도 도심에 속한 로봇은 인간형 로봇에 가깝지 않을까 하는 생각을 하게 된다. 인간과 비슷한 모습이거나, 심지어 외관으로는 인간과 전혀 구분이 되지 않는 로봇 말이다. 로봇과 사랑에 빠지거나 소통하고 서로 대화를 나누는, 공상과학 소설이나 영화 등에서 자주 보는 일이 이루어지지 않을까?

미래의 도시형 로봇이 어떻게 생겼을지 가늠하기란 쉽지 않지만, 적어도 현재의 로봇은 인간과 거리가 조금 있어 보인다. 인식할 수 있는 얼굴이나 두 팔을 지니는 등, 인간을 닮기는 했지만, 인간보다는 기계라는 느낌이 더 강하다. 그런데 이 준semi 인간형 로봇이 인간과 소통을 하거나 인간의 애착을 듬뿍 받는 등, 공상 속의 일이 현실로 이뤄지고 있다.

이는 인간-컴퓨터 상호작용Human Computer Interaction, HCI이라는 개념에서 파생한 것이다. HCI는 컴퓨터 시스템과 컴퓨터 사용자인 사람 사이에 상호작용을 향상시키기 위한 효과적인 방법을 중점적으로 연구하는 분야다.[13]

산업현장이 아닌 도시에서 인간과 가장 가까이 지내는 로봇은 바로 가정용 로봇이다. 최근 커피를 내리거나 라면을 끓이는 로봇이 개발되어 실제 카페나 식당에서의 활용에까지도 이어지고 있다고는 하지만, 그럼에도 가정용 로봇만큼 크게 주목받거나 그 효용을 인정받지는 못한 것이 현실이다. 그렇다면 가정용 로봇은 가정에서 어떤 일을 하기에 도시의 새로운 일원이 되어가는 것일까?

가정용 로봇의 진가는 돌봄 서비스에 있다. 예를 들어, 함께 노년을 보내던 부부가 같이 살다 한 명이 사별했다고 하자. 그러면 나머지 한 명을 자식이 전부 도맡을 수 없으니 옆을 지켜줄 수 있는 반려로봇을 두는 것이다. 사실 노인이든 중증장애인이든, 도움이 필요한 이들을 제대로 도우려면 옆에 한 사람이 거의 24시간 붙어 있어야 한다. 이것을 가족이 하자면 희생이 너무 크다. 많은 시간을 로봇이 대신 돌봐줄 수 있다면, 사회적인 측면에서 큰 도움이 된다.

이 로봇이 꼭 사람 형태일 필요는 없다. 나이 든 분이 혼자 사는 집안 곳곳에 센서를 달고 몸에도 일부분 달아놓아 그의 신체 이상이나 행동 이상을 관측해 확인할 수 있기만 하면 된다. 만약 위험 징후가 있다고 판단되면 바로 근처 소방서나 지정의료기관 또는 주민센터에 연락해서 조치를 취하는 것이다. 활동능력이 떨어진 노인을 보조해주고 적적할 때에 말벗이 되는 인공지능을 탑재한 정도라면 요양원에 모시는 것보다 더 나은 선택일 수 있다.

이는 2018년 말 과학기술정보통신부가 보도자료를 통해 내놓은 방안과도 일치한다. 4차 산업혁명을 대비해 실버컴퍼니를 구성하겠다는 계획과 함께 앞의 내용과 정확히 같은 추진 계획을 밝혔다. 헬스케어 산업을 집중 육성하면서 장애인과 노인을 상대로 식사 보조, 욕창 예방, 배변지원 등에 활용할 돌봄로봇을 천여 대나 보급한다는 계획도 있다.[14]

이런 돌봄로봇이 두각을 나타낼 수 있는 곳은 어린이집이나 양로원 또는 병원이다. 실제로 2009년 로보비Robovie라는 휴머노이드가 일본 나라 지방의 한 양로원에서 14주 동안 봉사한 적이 있다. 로봇과 정이 든 노인들이 로봇이 떠나는 날 환송회까지 열어줬을 뿐 아니라 한 달 뒤에는 로보비를 보려고 연구소를 방문하기도 했다고 한다. 노인들이 사람과 전혀 닮지도 않은 로보비에 이처럼 애착을 보인 것이다.

그 이유를 노인들에게 물으니, 로봇은 말대꾸를 하지 않기 때문이라고 대답했다고 한다. 어쩌다 한 번 찾아오는 손주들은 말도 잘 안 할 뿐 아니라 버릇도 없는데 로보비와 대화를 하면 울적했던 기분도 사라졌다는 것이다.[15]

요즘 들어서는 자폐어린이를 돌보는 부분 역시 로봇 학술지에 자주 오르내리며 또 다른 대세가 됐다. 자폐는 현재로써는 치료가 거의 불가능하기에 조금씩 돌보며 증세를 개선하는 편이 최선이다. 그런데 이것을 사람보다 로봇이 더 효율적으로 한다는 증거가 쌓이고 있다.

대표적인 예가 되는 로봇이 테가^{Tega}다. 테가는 MIT에서 해당 분야를 연구하는 박혜원 박사와 이진주 박사가 총 3년에 걸쳐 완성한 퍼스널 로봇$^{Personal\ Robot}$이다. 크기는 반려동물만큼 작고 생김새는 마치 털복숭이 괴물 같은 만화주인공처럼 생겼다. 장난감 로봇 같은 테가는 어린이와 눈을 마주치고 같이 노래도 부르면서 이들과 소통한다. 발달장애아 또는 자폐아들은 활동에 제한이 많은 로봇이지만 그럼에도 이 로봇에게 마음을 연다.

이처럼 퍼스널 로봇은 강력한 기계적 성능보다는 인간과의 교감과 지능이 우선이다. 특히 여러 센서를 통해 정보를 받아들인 뒤, 인공지능 학습으로 패턴을 파악하고 이를 바탕으로 사람에게 적절한 '반응'을 보이는 것이 무척 중요하다. 그래야 인간과 로봇이 서로 대화를 하는 등 상호작용을 시작할 수 있기 때문이다.[15]

6장

스마트팜은 식량을
어떻게 길러낼까?

스마트팜
그리고 정보통신기술

　스마트팜Smart Farm은 4차 산업혁명 시대의 새로운 농업 생산 방식이다. 팜Farm이라고 해서 농장에만 국한되는 산업은 아니다. 스마트팜을 구체적으로 나누자면 스마트 온실, 스마트 과수원, 스마트 축사 등으로 분류할 수 있다. 스마트팜 역시 앞에서 다룬 많은 4차 산업혁명의 산업 현장과 비슷한 기술로 구성되어 있다. 스마트팜에서는 센서와 인공지능으로 온실의 온도 조절이나 과수원의 병해충 예방, 축사의 사료 공급 등의 업무를 처리한다. 농산물이나 가축의 상태를 스스로 확인하고 측정해 관리하는 시스템인 것이다. 스마트한 것과는 거리가 멀어 보이던 농촌의 모습을 변모시키는 스마트팜은 어떤 곳이고, 어떻게 발전해 왔으며, 또 앞으로 스마트팜이 나아갈 방향과 스마트팜이 극복해야 할 난관은 어떤 것인지 한번 살펴보도록 하자.

스마트팜과 ICT

스마트팜 구현에는 정보통신기술Information and Communications Technologies, ICT이 큰 활약을 펼친다.A) ICT란 정보 기술Information Technology과 통신 기술Communication Technology의 합성어로, 컴퓨터 등 정보 기기를 운영 · 관리하는 데 필요한 소프트웨어 기술과 이 기술을 이용해 정보를 수집 · 생산 · 가공 · 보존 · 전달 · 활용하는 모든 방법을 말한다.[1] 즉 ICT를 사용해 구축한 스마트팜이란 정보 기기와 정보 기기가 제공하는 각종 정보를 적극 활용해 생산, 가공, 유통까지 전체적으로 원격 관리하며 효율성을 높인 농장을 말한다.

이제는 여기에 인공지능을 접목하여 이전보다 적은 관리 인력으로 효율성을 크게 높이는 중이다. 스마트팩토리와 스마트빌딩의 개념이 스마트팜에도 곧장 적용된다고 생각하면 된다. 특히 자동화 분야에서 효율성이 극대화되고 있는데, 스마트팜에서는 농작물이 자라는 온도와 습도 및 이산화탄소 그리고 공급해야 할 영양분의 양을 관리하고 제어하는 모든 과정이 ICT를 등에 업으며 자동화되었다. 스프링클러나 보온 덮개 같은 제어기기를 작동시키는 기술은 현재 초보적인 단계에 있으며, 앞으로도 스마트팜이 발전할 영역은 무궁무진하다.

앞으로 스마트팜은 지금과 같이 발육 및 생육 상태를 수집하는 것은 물론, 이러한 상태 정보와 실시간 기상정보를 매치

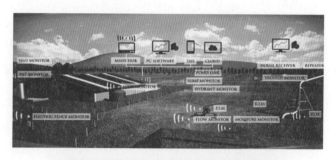

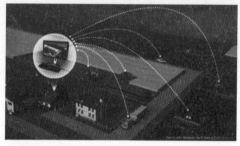

네덜란드의 스마트팜 시스템[2)]

해 운영하는 방향으로 나아갈 것이다. 그러기 위해서는 더욱
더 많은 데이터를 축적할 필요가 있다. 강수량이나 기온 등,
농장에 영향을 미치는 데이터를 매년 축적하다 보면 인공지
능이 농장 전체를 한데 묶어 효율적인 의사 결정 시스템을 만
들기가 더 수월해질 것이다. 이렇게 정보통신기술과 자동화,
그리고 인공지능의 도움을 얻어 기르는 동식물이 언제나 최
적의 상태로 자라게끔 농장을 통제하는 것이 스마트팜의 궁
극적인 목표다.

네덜란드가 세계로 수출하는 스마트팜 시스템

네덜란드 하면 떠오르는 유명한 산업 분야는 튤립 등으로 대표되는 원예사업이다. 네덜란드는 원예사업을 지탱하면서 옛날 방식을 고집하기보다 새로운 방식에 계속 투자해 왔다. 그 결과 원예 쪽에서는 전체 온실의 99%가 유리온실화 됐으며, 여기에 ICT를 입혀 복합 환경제어까지 가능한 시스템으로 변모했다. 한두 해가 아닌 수십 년간의 데이터를 누적해서 만들어 낸 결과이다보니, 이들은 꽃이 어떻게 하면 최적화된 환경에서 잘 자랄 수 있을지 매우 잘 알고 있다.

네덜란드의 농식품기업 프리바Priva는 이런 경험을 바탕으로 전 세계에 환경제어시스템을 수출하고 있다. 프리바는 바람 등에 쉽게 부숴지지 않는 온실 구조물을 비롯해, 보일러에서 나오는 이산화탄소의 온실 공급 장치, 수질 관리를 위한 양액nutrient solution 재활용 UV 시스템 등을 개발했다. 게다가 에너지를 절약하는 도심 농장 시스템을 개발해 화제가 되기도 했다. 간단한 예로는 건물 옥상에 온실을 설치해 물고기를 양식하는 시스템을 들 수 있는데, 물고기가 배출한 질소 노폐물을 식물 재배에 재활용하고, 식물이 뿜어내는 산소를 물고기 수조에 공급하는 순환식 구조를 지닌 것이 특징이다.[3]

다른 현대 네덜란드 낙농업가들 역시 다양한 ICT기술을 사용해 가축들을 관리한다. 델프트 공대TU Delft, 아인트호벤 공대TU Eindhoven, 트벤테 공대TU Twente, 와헤닝헌 대학Wageningen UR,

네덜란드 응용과학기술 연구소TNO 등이 구축한 정밀가축사양 Precision Livestock Farming, PLF 기술이 바로 그것이다. PLF 기술은 위생과 청결 개선 등에 활용되는데, 사육과 비육을 포함한 가축의 성장 과정, 우유의 품질 개선이나 계란 생산량 증가, 가축의 공격적인 행동이나 임신 시 보일 수 있는 예민한 행동의 관측, 개별 가축의 질병이나 조류 인플루엔자 같은 전염병의 조기 발견, 온도와 통풍의 조절 및 배설물의 관리를 모두 해내며 스마트팜 기술의 뛰어남을 보여주고 있다.

이렇듯 스마트팜에 적극 투자한 결과 네덜란드는 해외 농산품 수출 강국으로 우뚝 솟았다. 농산품의 항목별 수출액으로는 화훼 상품이 83억 유로로 가장 높았고, 육류가 77억 유로, 계란과 유제품이 62억 유로, 과일이 49억 유로로 뒤를 이었다. 앞으로도 네덜란드의 농업 관계자들은 증가하고 있는 농산품 수요를 효율적으로 충족시키기 위해 스마트팜 기술에 더욱 집중할 것으로 예상된다.[4]

독일은 도축도 스마트하게 한다

독일의 스마트팜은 축산물의 효율적인 도축 방법으로 유명하다. 육류는 가공 과정이 불충분할 경우 육질이 나빠지기 때문에, 도축 과정에도 신경 써야 할 부분들이 많다. 독일은 육질만을 위한 도축 자동화 처리 시스템을 구축해 일은 편리하게 하면서 훨씬 좋은 품질의 고기를 가공하는 데 성공했다. 독일의 축산업 스마트팜은 어떤 모습을 보여주는지 살펴보자.

독일의 비욘푸드그룹VION Food Group에서 운영하는 도축장은 2015년까지 6,500만 유로 이상을 ICT 설비에 투자해 왔다. 돼지를 도축하기 전에는 등 지방을 체크하여 육질을 확인하고, 돼지를 도살할 때는 더 좋은 육질을 지키기 위해 CO_2 질식기를 사용하는 것이 특징이다. CO_2 질식기를 이용하면 전기충격으로 돼지를 기절시키는 기존의 전살기를 사용할 때에 비해 고기의 품질이 떨어질 가능성이 확연히 낮다. 특히, 질식기 사용시에는 PSEPale, Soft, Exudative meat(육색이 창백하고 조직의 탄력성이 없는 물돼지)육이 발생할 확률이 20%에서 3.5%로 급감하는 것으로 나타났다. 이는 가축을 도살할 시 스트레스를 최소화하는 방법으로써 동물복지 면에서도 큰 도움을 준다.[5] 비욘푸드그룹은 이 방식으로 시간당 돼지 450마리를 잡아 하루에 약 200톤을 가공한다고 한다.

축산업에서는 신선한 육질을 유지하는 일도 중요하다. 도축 후에는 영하 2°C에서 2시간의 예냉을 거치는데, 예냉 시 지육carcass의 수축으로 지방과 지육이 붙는 현상을 방지하기 위해 에어 콤프레셔를 통해 등지방에 에어를 주입하는 과정을 거친다. 이 또한 컴퓨터 제어 절차를 거쳐 이뤄진다. 비욘 그룹의 도축장은 독일 내 약 23%의 시장점유율을 차지하고 있으며 해외로도 수출되고 있다.

미국 스마트팜의 산실, 살리나스 밸리

미국은 국가과학기술위원회^{NSTC}의 주도로 스마트팜의 절대적인 부분을 차지하는 ICT 원천기술에 대한 집중투자를 시작했다. 그리고 2002년 2조 1,460억 원(약 18억 달러)이던 투자규모를 2012년 4조 415억 원(약 37억 달러)까지 늘렸다.

미국 샐러드 채소의 80%를 생산하는 '살리나스 밸리^{Salinas Valley}' 농장은 ICT를 적용한 무인 자동 모니터링 시스템으로 채소를 생산한다. 이들은 채소 생산에 필요한 생육환경 데이터를 전부 센서와 드론을 활용해 체크한다. 농약의 살포량은 스마트 스프레이 시스템이 담당하고 수분 공급은 마이크로 워터센서가 자동으로 조절한다. 살리나스 밸리는 세계 최대의 검색기업인 구글과 협력해 토양의 질과 수분 그리고 작물의 건강 상태까지 빅데이터로 수집해 생산 관리에 반영하고 있다.[6]

노르웨이의 인공지능 연어양식

연어 양식에도 인공지능을 통한 비용 절감의 가능성이 열렸다. 링가락스^{Lingalaks}를 포함한 노르웨이의 연어 양식 기업은 인공지능을 이용해 연간 1,800억 원의 비용을 절감한다. 인공지능은 양식장의 수온과 산소 농도를 감지할 뿐 아니라 연어가 먹이를 먹는 패턴까지 정밀 분석해 자동으로 먹이를 준다.

인공지능으로 키운 양식 연어[B)]

연어는 특정 주파수의 소음을 방출하곤 하는데, 배가 부를 때에는 이 소음 방출이 줄어드는 특성이 있다. 인공지능이 이 주파수 신호를 감지해 연어가 배가 부른지 고픈지를 확인하며 먹이를 자동으로 조절하는 것이다. 뿐만 아니라 영상을 분석하는 것만으로 연어에 치명적인 기생충까지 감시하고 찾아내 제거할 수 있다. 이와 같은 기술적 변화는 연어 생산량을 이전에 비해 5배까지 증가시킬 것으로 전망된다.[B)]

농사 노하우 공유가 쉬워진다

스마트팜은 대형 재배 시설 등의 하드웨어에만 국한되지는 않는다. 농업에 관한 지식 전반을 이전보다 쉽게 공유하는 일

wefarm 홈페이지에서는 실시간 답변이 오가는 모습을 확인할 수 있다.

또한 스마트팜이 농경사회에 불러온 변화 중 하나다. 농사나 축산 등 농업 전반과 관련하여 오랜 시간 누적된 노하우를 필요로 하는 농부들이 농업 지식을 함께 나누는 공유경제 모델이 등장했다.

　영국의 스타트업 위팜wefarm은 CPFCafedirect Producers' Foundation라는 NGO에서 운영하는 서비스인데, 인터넷 접속이 어려운 오지의 농민들이 작물 재배, 병충해 등의 질문을 휴대전화를 통해 보내면 농업 전문가 혹은 다른 농부가 제시하는 해결방안을 무료로 전달해 준다. 말 그대로 오지의 농민들과 소통하고자 만든 플랫폼이기에 스마트폰이 아닌 일반 휴대전화를 이용하며, 문자메시지를 주로 활용해 질문과 답변을 나누게 했다. 제3세계 농민들을 위해 자원봉사자들이 번역서비스를 제공해 줌은 물론이다.[7]

페로몬 트랩, 병충해를 예방하다

스마트팜의 IT 기술 중에는 페로몬 트랩이라는 것도 있다. 페로몬pheromone은 '옮기다'라는 뜻의 그리스어 'pherein'과 '흥분시키다'라는 뜻의 그리스어 'hormon'을 조합한 단어다. 페로몬은 생물체가 몸 밖으로 내는 생체분자로, 같은 종에 속한 다른 개체의 생리나 행동에 영향을 미치곤 한다.^{C)} 이 페로몬은 번식과도 큰 영향이 있다. 참고로 동물성 향료는 대부분 생식샘에서 얻기에, 이들 향료에는 동물의 번식행동과 관련한 물질, 즉 페로몬이 들어 있을 가능성이 높다.^{D)} 사향노루의 분비선에서 추출해 내는 사향(머스크 향)과 같은 동물성 향료가 매력적으로 느껴지는 것도 이런 이유에서일 가능성이 있다.

곤충은 포식자가 두려운 것이 아니라 짝짓기를 하지 못하는 것이 두렵다. 그래서 이들은 천적에게 노출될 위협도 무릅쓰고 화려한 날개로 유혹하고 노래를 불러가며 짝을 유혹하는데, 이때 뿌리는 것이 페로몬이다.^{E)} 개미들은 적을 내쫓기 위해 개미산을 쏘아보냄과 함께 적이 나타났음을 알리고자 경고 페로몬을 뿌리기도 한다.^{F)}

IT 페로몬 트랩은 농장 여기저기에 해충이 좋아하는 페로몬을 설치해서 트랩으로 유인하는 기술이다. 해충을 잡기도 하지만, 이를 통해 해충이 얼마나 분포하고 있는지 확인하고 해충의 표본도 추출할 수 있다. 해충에 대한 정확한 데이터를 수집해 정리하면 사용할 농약의 양과 종류를 파악할 수 있으니 무분별한 농약 사용을 줄이는 데에도 기여하는 셈이다.

국내 강원도 춘천의 한 농장에 설치된 IT 페로몬 트랩은 춘천시와 농촌진흥청에도 데이터를 전송해 해충과 관련된 빅데이터를 구축한다. IT 페로몬 트랩 설치 이후 이 농가는 농약 사용량은 최소화하면서도 병충해 방제가 가능해졌고, 기존과 대비해 수확량 또한 40% 이상 증가했다.[8]

이러한 빅데이터 수집이 전국 단위로 확대된다면 해충 방재에 대한 국가 시스템까지도 구축할 수 있다. 데이터가 많이 쌓이면 다음 해에는 해충이 얼마나 더 올지도 추이가 가능해지기 때문이다. 이로써 해마다 유행하는 병충해에 대한 예방과 관리가 더 쉽게 가능해질 것이다.

수경재배의 미래

흔히들 식물은 자고로 흙에서 자라야 한다고 믿는다. 흙에서 여러 가지 좋은 성분을 흡수해야 몸에 더 좋을 것이라 생각하는 것이다. 하지만 무조건 그런 것만은 아니다. 그곳이 농촌이라 하더라도 토양이 깨끗하리라는 보장이 없기 때문이다. 반면 수경재배는 농약과 비료의 사용량이 적은 덕에 더 친환경적이다. 일반적으로 뿌리는 비료나 농약은 흙을 오염시키는 원인이 된다. 그러나 수경재배에서는 배양액이 흐르며 식물의 뿌리를 지나 순환하기 때문에 실제 비료의 양을 줄여도 되어 훨씬 환경적이다.

뿌리를 물에 담가 재배하는 방식 외에 미스트 시스템Mist System이라는 형태도 등장했다. 말 그대로 수분이 필요할 경우에만 물을 샤워기나 분무기 등을 이용해 적당한 만큼을 안개처럼 분사해 공급하는 것이다. 이유는 간단하다. 물에 담가 놓은 채 식물을 키우면 물 낭비가 심하기 때문이다. 그러므로 미스트 시스템은 해외 물 부족 국가에서 식물을 재배할 때 유용하다. 특히 식물을 실내에서 재배하면 뿌리가 물속에 정착해 물에 산소를 만드는데, 이때 영양분을 뿌리 구조에 안개 형태로 뿌릴 때 뿌리가 산소를 더 잘 만들어 낸다는 사실이 밝혀졌다. 미스트 시스템을 활용하면 일반 농가보다 95%나 물 사용을 줄일 수 있다.[9]

수경재배를 적극 이용하는 중·대형 농장의 형태로는 실내 수직농장이 있다. 미국 뉴저지의 에어로팜Aero Farm이 대표적이며, 우리나라에는 롯데마트 서울역점의 행복가든 등이 있다. 각 칸마다 물과 인공조명으로만 잎채소를 키우는 식물공장인 셈이다. 소규모로는 미국의 스타트업 아바 바이트AVA Byte가 눈길을 끈다. 이들은 수경재배에 적합한 토마토, 허브, 버섯 등 다양한 작물을 재배할 수 있는 스마트 화분을 개발했다. 1회용 커피캡슐처럼 생긴 씨앗 캡슐에 물을 붓고 버튼을 누르기만 해도 식물이 자랄 수 있도록 했다.

현재 수경재배 스마트팜의 단점은 여전히 비용이 너무 많이 든다는 점이다. 스마트팜이 가장 앞서 있는 일본의 경우에도 정부 보조금으로 운영되고 있는 실정이다. 또한 수경재배 시스템에서는 일반 햇빛만으로는 농사가 불가능해 인공조명을 써야 하는 것도 해결해야 할 문제다. 최근 LED의 등장으로 그 효율이 높아졌다고 하지만, 아직도 기존 농사에 비해 비용이 더 많이 든다.

식량 문제 해결을 위한
스마트팜과 종자전쟁

농업인구가 줄고 있다

스마트팜이 중요한 이유는 식량문제가 곧 생존의 문제이기 때문이다. 국제연합식량농업기구^{FAO}가 추측한 바에 따르면 세계 인구가 2025년에는 81억 명, 2050년에는 97억 명에 달할 것이라고 한다. 이때 식량 생산량이 2050년까지 70% 이상 불어나야 인구 증가에 따른 공급량을 맞출 수 있다. 이를 실현하려면 대규모의 효율적인 관리가 필요하다.

더군다나 더 이상 우리 주위에는 농사를 지을 사람이 없다. 전 세계의 농업인구가 고령화되고 줄어들고 있다. 식량부족 문제도 있지만 농사짓는 사람이 줄어드는 것 때문에라도 스마트팜은 필요하다.

우리나라의 농업 인구도 최근 극심하게 줄었다. 30년 전만 해도 천만 농민이라고 했으나 이제는 옛말이다. 2015년 12월 기준 농가인구는 총 256만 9,000명밖에 되지 않는다. 2010

년과 대비해도 무려 16.1%(46만 명)나 감소한 수치다. 농업 인구의 고령화도 문제다. 농가 고령화율(65세 이상 인구비중)은 38.4%로 2010년보다 6.6%(31.8%) 상승해 전체 고령화율(13.2%)보다도 세 배 이상 높다.[10] 이들이 은퇴하면 농사지을 젊은 사람이 없게 된다.

미래 사회의 핵심 무기가 될 종자

2016년 세계 최대 제약업체 바이엘Bayer은 미국 최대 규모의 종자회사 몬산토Monsanto를 사들였다. 인수할 때 들인 금액이 한국 돈으로 74조 원에 달한다. 이는 세계의 인수합병 사례에 있어 대금을 주식이 아닌 현금으로 지급한 경우 중 사상 최대 규모다. 뿐만 아니라 중국 국영 화학업체 켐차이나ChemChina 또한 같은 해에 스위스 종자업체 신젠타Syngenta를 48조 원에 사들였다.[11] 이는 해외의 다국적기업들이 종자 사업에 뛰어들었다는 말이다. 이미 세계 종자기업의 70%는 10대 다국적기업이 장악했다. 이것은 사실 심각한 문제다.

한국의 청양고추는 누구의 것일까? 당연히 한국 것이라 생각했겠지만 현재로써는 우리의 것이 아니다. 금싸라기 참외도 한국에서 개발한 것이기는 하나 외국계 회사에 로열티를 계속 주면서 사 먹어야 하는 실정이다. IMF 시기에 우리나라 종자 관련 기업 대다수가 해외에 인수됐기 때문이다.

당시 국내 5대 종자기업 중 4곳이 다국적 기업에 인수됐다. 청원종묘는 일본의 사카타Saketa에, 서울종묘는 스위스 신젠타에, 홍농종묘와 중앙종묘는 미국의 몬산토에 각각 인수됐다. 이 탓에 무·배추 등 토종 채소 종자의 50%가 외국회사에 넘어갔으며, 양파, 당근, 토마토의 종자는 80% 이상이 팔려갔다. 이 과정에서 중앙종묘가 가지고 있던 청양고추 종자도 몬산토로 넘겨졌음은 물론이다. 다행히 동부팜한농이 2012년 몬산토의 종자사업 일부를 다시 사들였지만, 우리나라의 종자 주도권은 여전히 미미하기만 하다.[12] 이렇게 로열티는 계속 빠져나가고 있다.

우리나라가 종자전쟁에 대비하는 모습

IMF 이후 현재 우리나라는 종자 전쟁에 어떻게 대비하고 있을까? 수원농업진흥청에는 종모우라는 씨내리용 수소가 있다. 다른 소하고 체격 자체가 달라 체중이 1톤 가까이나 된다. 종모우가 하는 일은 체중을 불리면서 우수한 정자를 생산하는 것이다. 좋은 종이라서 사료를 1kg 먹을 때마다 체중이 0.7kg 늘어날 정도로 살붙임도 좋고 덩치가 워낙 커 고환이 배구공만하다.

종모우에게 추출한 정액은 바로 쓰지 않고 냉동 보관한다. 냉동정액을 보관하는 이유는 나중에 국가적인 개념으로 종자

전쟁이 일어날 것을 대비해 순종을 보존하기 위해서다. 그럼에도 한국은 종자전쟁에서 후발국이다. 미국 등 선진국은 백여 년 전에 종자 은행을 설립했으나, 한국은 1985년에야 농촌진흥청 농업과학기술원에 종자 은행을 설립했다.[13]

식물 종자에 관해서는 정부가 2021년까지 종자 산업에 8,000억 원을 투입하는 '골든 시드 프로젝트Golden Seed Project'를 추진하고 있다. 2018년 4월에는 LG화학이 동부팜한농을 인수하며 바이오 산업 강화에 나서는 등 차세대 농업 분야에 대한 투자를 시작했다.

하지만 전망이 밝지만은 않다. 농업 분야의 뿌리 깊은 반기업 정서가 문제다. 동부팜한농은 화성 화옹간척지 10만m^2(약 만 평)에 첨단 유리온실을 만들었다가 농민들의 반발로 사업을 포기했다. 동부는 토마토를 양산해 전량 수출하겠다고 약속했지만 농민단체들이 받아들이지 않았다. 최근에는 LG가 3,800억 원을 투자해 새만금에 스마트팜 단지를 조성하려는 계획을 내놓았지만 역시 농민단체의 반발에 부딪혀 표류하고 있다.

종자 전쟁에서 우위를 보이는 글로벌 다국적 기업들은 지금도 여전히 수십조 원을 써 가며 종자 확보 경쟁을 벌이고 있다. 그에 비해 국내 기업들은 온실조차 제대로 운영하지 못하고 있는 실정이다.

정리하기
스마트팜

1. 스마트팜은 센서의 정보를 바탕으로 인공지능을 통해 농사일을 해결하는 농장이다. 생산·가공·유통까지 전체적으로 원격 관리하며 효율성을 높일 수 있다. 여기에 오랜 기간 축적한 농업 데이터를 더하면 인공지능이 농장 운영의 의사결정을 담당하도록 하는 시스템 구축도 가능하다.

2. 네덜란드에서는 원예 사업을 이끄는 환경제어시스템을 세계에 수출한다. 독일에서는 도축장에도 스마트 시스템을 도입해 신선한 육질을 유지한다. 미국의 농장은 전부 무인 자동 시스템으로 관리되며, 노르웨이에서는 연어 양식도 인공지능으로 해낸다. 국경을 넘어 농사에 관한 노하우를 주고받는 것 역시 정보통신기술이 만든 새로운 풍경이다.

3. 스마트팜이 미래에 필요한 이유는 가면 갈수록 농업인구가 줄어들기 때문이다. 사람이 짓지 않을 농사를 기계에게 맡기면서 불어날 인구에 대비해 생산량도 크게 늘려야 한다. 한편으로 이런 식량전쟁은 종자전쟁으로 촉발될 가능성 역시 높아 이에 대한 대비가 절실하다.

과학상식08

식물에 스마트워치를 달아주면?

이정훈 서울대학교 기계항공공학부 교수는 농업계의 스티
브 잡스로 불린다. 그는 멤스MEMS, Micro Electro Mechanical System라는
기술을 작물 재배에 처음 도입한 것으로 유명한데, 원래 이 기
술은 주로 암 진단에 사용하는 체외진단센서 개발에 사용된다.

그러나 스마트팜에서 멤스는 식물 줄기에 머리카락만큼이
나 가느다란 마이크로칩을 꽂아서 식물이 어떤 상태로 자라
고 있는가를 알아내는 시스템으로 쓰인다. 마이크로칩 센서
가 영양의 흐름이나 농도가 어떤지, 그리고 수분은 얼마나 흡
수하는지 등의 정보를 실시간으로 수집해 해당 데이터를 바
탕으로 비료나 물의 양 따위를 컨트롤하게끔 한다.

이를 통해 줄기가 수분이나 영양분을 흡수하는 속도가 빠
르다고 판단되면 양분을 더 주거나 하면서 그 양을 조절할 수
있다. 지금까지는 식물 외부에 센서를 두고 측정했지만 멤스
를 이용하면 칩을 직접 식물에 붙여 체크할 수 있다. 심박수를
체크하는 스마트워치 같은 셈이다. 연구팀은 이 기술을 활용
해 서울시 관악구 봉천동에 위치한 도시 텃밭에 도움을 주고
있다고 한다.[14]

7장

4차 산업혁명과
유전자 기술

게놈 분석,
우리 몸의 신비를 읽다

게놈은 생로병사의 데이터를 담고 있는 판도라의 상자다. 인간은 유전자를 통해 생명의 근원을 이해함으로써 질병과 죽음을 피하고자 노력했다. 유전자를 읽어내는 '게놈 분석Genetic Analysis'기술이나 유전자의 결함을 수정하는 '유전자가위Genetic Scissors' 기술은 이런 노력의 대표적 산물이다. 요람에서 무덤까지, 태어나자마자 병들 일 없는 미래를 꿈꾸는 것이다.

이처럼 4차 산업혁명 시대 유전공학genetic engineering의 핵심은 게놈 분석 기술과 유전자가위 기술이다. 게놈 분석 기술이 유전자의 데이터를 추출하고 해독해 개인의 몸에서 질병이나 변이가 일어나는 구조를 파악하는 과정이라면, 유전자가위는 그렇게 알아낸 부분을 위험하지 않게 정밀하게 잘라내어 교정하거나 또는 수정, 통제하는 일이다.

게놈 분석 기술과 유전자가위 기술은 각자 다른 영역에서 다른 연구진들이 따로 발달시켜 왔으나, 결국에는 서로 한데 결합하는 방향으로 발전이 가속화될 것이다. 둘 다 '맞춤 의학personalized medicine'이라는 키워드로 움직이는 공통점이 있기 때문이다. 이 두 기술은 발전 속도가 상상 이상으로 빠르며, 그 형태도 구체적이다.

하지만 인간의 생명을 다루는 기술은 언제나 조심스럽고도 신중해야 하는 문제다. 도덕성 문제나 생명 윤리와의 복잡하고도 민감한 문제가 존재하기 때문이다. 생명 윤리와 유전자 기술 혁명 사이의 아슬아슬한 줄타기가 4차 산업혁명 시대에 본격적으로 시작될 것이다.

단돈 100만 원으로 유전자를 읽는다

유전체라고도 부르는 게놈은 한 개체의 모든 유전자와, 유전자가 아닌 부분을 모두 포함한 유전 정보의 총합이다. 흔히 말하는 '유전자 지도'란 게놈 속에서 정보로써 필요한 유전자와 그렇지 않은 유전자를 찾아내 그 위치를 표시한 것이다.[1]

30년 전, '인간 게놈 프로젝트Human Genome Project, HGP'라는 이름으로 처음 인간 게놈을 해독할 때에는 6개국 18개 기관의 과학자들이 27억 달러, 우리 돈 3조 원을 들여가며 13년 만에 작업을 마칠 수 있었다. 이후 2010년에 이르러서는 게놈 분석 비용이 5천 달러 이하로 떨어졌고 2012년이 되자 천 달러의 장벽도 무너졌다. 지금의 추세가 지속된다면 10년 안에 한 명의 유전체 염기서열을 완전히 분석하는 데 10달러도 들지 않을 것이다.^{A)} 지금도 2~3일 정도면 한 사람의 게놈 30억 쌍을 볼 수 있다.

1990년에 시작된 인간 게놈 프로젝트를 기점으로 게놈에 관심을 갖기 시작한 것을 '1차 게놈 혁명'이라고 말한다. 인류가 가진 게놈 전체를 분석해 인간의 표준 유전자 지도를 만들어보려는 이 시도 덕분에 인류는 최초로 인간에게 중요한 유전자가 어디에 위치했는지를 알게 되었다.

이후 다양한 유전자 기반의 질병과 특성을 찾는 연구가 이어졌다. 이것이 '2차 게놈 혁명'이다. 연구자들은 특정 질환을 지닌 환자의 게놈과 건강한 사람의 게놈을 비교 분석해 다양한 유전자 변이를 찾아냈으며, 이를 바탕으로 여러 질병의 메커니즘을 이해하거나 신약과 새로운 진단법 등을 개발했다. 그러나 이때까지만 해도 게놈 분석은 주로 실험실 차원에서만 이뤄졌다. 게놈 분석을 기반으로 하는 치료의 가능성을 보여준 시기라고 할 수 있다.

'3차 게놈 혁명'은 2007년경 차세대 게놈 분석이라고 하는 NGS^{Next Generation Sequencing} 기술의 보급으로 급격히 대두됐다. NGS 기술은 게놈 분석을 저렴하면서도 빠른 시간에 할 수 있게 만들었다. 분석 데이터의 양이 늘어나자 게놈 정보로부터 희귀 질환의 원인을 찾아내고 태아의 유전체를 산모의 혈액을 채취해서 분석해 내는 것이 가능해졌다. 출산 전에 태아의 유전적 질환을 진단할 수 있게 된 것이다. 유전적 변이에 기인한 새로운 암 진단법과 치료법이 제시되기 시작한 것도 이때부터이다. 이로써 본격적으로 유전체 데이터를 임상에 활용하는 시대가 열렸다.

4차 산업혁명 시대는 개인 게놈 혁명이라고도 칭하는 '4차 게놈 혁명' 시대다. 4차 게놈 혁명은 주로 환자의 질병 진단 및 치료에 국한되던 유전체 분석의 활용 범위를 모든 사람에게 적용하는 단계로 확장했다. 개인 게놈 분석은 인류의 생활과 의료 및 건강에 대한 개념을 송두리째 변화시켰다. 개인의 유전 정보를 기반으로 맞춤형 치료를 가능하게 함으로써, 건강한 사람도 질병의 예측이나 건강 관리를 위해서, 또는 차별화된 라이프스타일 향유나 호기심 충족을 위해 게놈을 해독하는 시대로 접어든 것이다.[B]

질병의 진단과 치료가 혁신적으로 개선되는 개인 맞춤형 의료가 개인 게놈 해독을 통해 정착되기 위해서는 충분한 양의 개인 게놈 정보 데이터가 수집되어야 한다. 그래야 게놈 해독을 통한 성공적인 환자 치료의 사례가 쌓일 수 있다. 하지만 보안성이 확보되지 않은 개인 게놈 정보를 수집해 의학 데이터로 쓰는 것은 아직 안전하지 않다는 문제가 남아있다. 그럼에도 개인 게놈 해독이 21세기 헬스케어 의료혁신의 중심이 될 것이라는 데는 이견이 없다.[C]

영국, 정부 주도로 10만 명의 게놈 정보를 수집하다

영국의 경우, 영국 정부가 주도하는 영국 '10만 게놈 프로젝트100K Genome Project'로 게놈 정보 수집에 적극 나서고 있다. 영국의 의료체계는 일종의 국립병원이 산하의 병원들을 수십 개씩 관장하는 중앙 통제의 형태로 이뤄져 있다. 이 때문에 병원에서 암이나 유전병 등을 검사한 환자 중, 동의한 이들의 의료정보와 게놈데이터를 따로 모아 패키지화하는 것이 가능했다. 10만 게놈 프로젝트는 이렇게 획득한 정보를 중앙 공기업으로 모아서 수집하고 해독해 데이터베이스화하고, 그것을 기존의 의료정보와 비교 분석하는 프로젝트이다.

프로젝트의 제목에서도 드러나듯 영국은 10만 명의 게놈 데이터를 모집하는 것을 목표로 하고 있다. 수집한 게놈 정보의 단위가 천 단위에서 만으로 넘어가면 교차해서 대조해 볼수 있는 데이터가 폭발적으로 늘어난다. 질병을 일으키는 유전자의 공통점과 차이점을 확인할 때 신뢰도가 더욱 높아지는 것이다.

10만 명의 게놈을 모으는 일은 이제 거의 마무리 단계까지 왔다. 이 프로젝트의 정보분석 총책임자인 팀 허버드Timothy Hubbard 영국 킹스칼리지런던 교수는 2018년 가을에 이미 9만 명 이상의 정보를 수집했다고 밝혔다. 제공 받은 시료는 곧바로 전국 13개의 게놈의학센터에 보내져 해독되는 중이다. 현재까지 97,000건 이상의 희귀 유전질환 및 암 환자 본인 및 가

족의 시료가 수집됐고, 이 가운데 75,500건 이상이 해독되었다고 한다.[2]

마트에서 DNA 분석 키트를 파는 미국

게놈 분석 기술이 가장 앞서 있는 나라는 미국이다. 영국처럼 정부가 주도하는 정식 의료 시스템의 형식을 취하지는 않지만, 많은 기업이 독자적으로 게놈 정보를 수집하고 있다. 미국에서는 23andMe와 앤세스트리Ancestry 등 35개에 달하는 DNA 검사 업체가 특별한 질병에 걸릴 가능성 등에 대한 정보를 제공하며 성업 중이다.

특이하게도 미국은 마트에서 판매하는 게놈 분석 키트를 이용해 게놈을 수집하고 있다. 전체 해독은 아니지만 '패널'이라는 이름으로 몇 가지 유전적 정보를 확인하는 키트를 만들어 낸 것이다. 소비자들은 이 키트에 침을 뱉어 자신의 게놈 정보를 넣고, 이를 회사로 보내 게놈 분석을 의뢰한다. 미국의 대표적인 게놈 관련 회사 23andMe의 경우 유전자검사를 통해 유방암, 난소암, 전립선암 유전자의 존재 유무를 알 수 있는 키트를 의사의 처방 없이 소비자가 구입할 수 있도록 미 식품의약국FDA의 허가를 받았다.[D]

이 기업은 개인 게놈 서비스로 확보한 200만 명 이상의 개인 게놈 데이터와 고객 정보를 기반으로 삼아 파킨슨병 등 불치병을 해결할 신약을 개발 중이기도 하다.[E] 우리나라에서도 유전자 키트를 통해 콜레스테롤이나 혈당 등 열두 가지의 항목을 자가 진단할 수 있으나, 암이나 치매와 같은 중요한 질병 항목은 의사의 처방이 있어야만 검사가 가능하다.

조상찾기 테스트로 DNA를 모으다

유전자 검사로 내 조상의 뿌리가 어디에서 왔는지를 알려주는 조상 찾기 테스트 마이헤리티지MyHeritage가 한 때 전 세계적으로 유행한 적이 있다. 전 인구의 약 10%가 이용할 정도로 호응이 좋았으며 특히 미국 내에서 인기를 끌었다. 다양한 민족이 섞여 사는 만큼 자신의 뿌리에 관심이 높았기 때문이다. 흥미로운 사실은 이 테스트로 인해 사람들이 자신이 순수한 백인도, 순수한 흑인도, 순수한 동양인도 아니라는 것을 알게 되면서 인종과 나라에 대한 막연한 편견을 없애는 데에 기여했다는 점이다.[3]

국내의 경우는 대부분의 국가와 마찬가지로 개별 병원과 학교를 중심으로 게놈 수집이 진행되고 있다. 울산과학기술대학교가 추진하는 '울산 만명 게놈 프로젝트'는 모든 유전자를 자발적 기증과 지원을 바탕으로 모으고 있다. 이렇게 얻은 유전자를 바탕으로 생활습관정보, 의료정보, 유전 정보를 해독하고, 더 나아가서는 게놈 정보와 질병을 포함한 인간 표현

Amaze yourself with MyHeritage DNA

Our simple DNA test can reveal your unique ethnic background, and match you with newfound relatives. Take family history to the next level with the most affordable DNA test on the market.

Explore DNA testing

21%
64%
15%

마이헤리티지 웹사이트

형의 연관성을 연구한다고 한다. 한국인의 표준 유전 정보 수집, 맞춤형 건강증진과 의료비용절감을 목표로 게놈 기반 진단 및 치료의 국산화/상용화에 기여하겠다는 것이다.[4]

　인천대학교도 1만 명의 유전체 정보를 확보해 질병 예측과 예방 연구에 활용하겠다며 나섰다. 각종 질병의 유전적·비유전적 위험도를 예측하는 알고리즘 개발과 함께, 개인의 게놈 데이터로부터 이 같은 질환을 예측하는 어플리케이션을 개발하는 것이 목표다. 우선 65세 이상의 취약계층을 대상으로 프로젝트를 무료로 진행해서 검사자의 게놈 정보를 얻는다. 그리고 이를 통해 데이터베이스를 구축하고, 분석하여 질병 예측 및 신약 개발과 치료에 활용할 예정이다. 이 프로젝트는 김성호 인천대학교 교수의 주도로 진행되고 있는데, 김성호 교수는 미국에서 9,000여 명의 백인들을 대상으로 한 암유전체 데이터를 최신의 기계학습 방법을 이용해 분석하는 알고리즘을 개발해 화제가 된 인물이다.[5]

세계적으로 주목받는 한국의 게놈 데이터

한편 세계의 모든 연구자나 기업은 한국의 유전체 데이터와 건강 정보 활용에 각별한 관심을 보이고 있다.

한국의 게놈 산업이 외국의 큰 주목을 받는 중요한 이유는 크게 네 가지다. 첫째, 한국은 민족 다양성이 낮은 편에 속하는 국가이기에 유전적 다양성도 다른 국가에 비해 제한적인 편이다. 때문에 표준 게놈을 만드는 것이 유리하다. 둘째, 한국은 게놈 데이터라는, 세계에서 가장 큰 규모의 빅 데이터를 제대로 활용할 수 있는 뛰어난 IT 강국이다. 셋째, 한국은 국가 주도하에 단일의료 시스템을 갖추고 있어 건강 검진 등을 통한 게놈 정보 수집이 유리하다. 넷째, 한국은 가장 급속하게 최고령 국가로 가고 있어 국민 개개인의 건강에 대한 관심과 이해도가 세계 어느 나라보다 높다.

이와 같은 이유로 대한민국은 미래 정밀 의학을 리드하는 데 가장 유리한 나라다. 더욱이 한국 정부가 주도해 시행하는 정기 건강 검진을 통해 확보된 건강과 의료 데이터를 바탕으로 한국인을 위한 표준 게놈 데이터를 만들게 되면, 다양한 질병의 예측과 예방이 가능할 것이다.[F]

유전자가위로 '싹둑'
교정하는 시대 열리다

유전병의 치료와 유전자가위의 등장

할리우드의 유명 배우 안젤리나 졸리Angelina Jolie가 자신의 유방을 절제해 세간을 떠들썩하게 만든 사건이 있었다. 게놈 정보를 통해 자신이 유방암에 걸릴 확률이 약 90%라는 것을 확인하고, 외가 친척 중 많은 이들이 유방암으로 사망한 병력을 알게 되자 이와 같은 결단을 내렸다고 한다. 유방 절제술 이후 90%에 달하던 그녀의 유방암 발병 확률은 곧장 5% 이하로 떨어졌다. 이 같은 일이 가능했던 이유는 유방암이 특정 유전자와 연관이 있다고 밝혀졌기 때문이다. '브라카1BRCA1'이라고 하는 유전자가 그것이다.

이처럼 게놈 분석의 발전은 특정 질병과 특정 유전자를 짝지어 질병의 발병 확률 등을 파악하는 데 도움이 되고 있는데, 최근 이 연구의 한계가 발달장애 연구에서 발견됐다. 자폐의 원인으로 꼽히는 후보 유전자만 1,000개가 넘는다는 사실이 밝혀지며 게놈 분석의 한계를 드러내고 있기 때문이다. 이 유전자 모두가 자폐와 밀접한 관련이 있을 수도 있고 그렇지 않을 수도 있다. 특정 질병에 어떤 유전자가 관여하는지를 알려면 이를 하나하나 대조해야만 하는데, 유방암은 관련된 유전인자가 몇 되지 않아 해당 유전자를 찾는 것이 쉬운 편이었지만, 자폐의 경우 족히 20년은 필요하다고 한다. 이렇듯 병에 따라서 질병의 원인으로 지목되는 후보 유전자가 굉장히 많은 경우도 있고, 병마다도 특징이 제각각인지라, 유전자를 안다고 해서 모든 문제가 100% 해결되기란 힘들다.

정교함을 향한 도전

게놈은 유전 정보를 지닌 화학 물질이 연결되어 있는 구조다. 이렇게 사슬처럼 이어진 구조는 매우 정교하고 단단해서, 이를 임의로 조작하려면 굉장히 정교한 기술이 필요하다.

예전에는 이 작업을 정교하게 해내는 기술이 없어 확률에 맡겼다. 자르고 싶은 유전자를 인위적으로 통제하지 못하던 탓에, 유전자를 변형시킬 인자를 무더기로 넣거나 안젤리나 졸리의 사례처럼 특정 유전자가 질병을 일으킬 신체부위를 자르곤 했다. 빈대 잡겠다고 초가삼간 태우듯이 퍼부어 운 좋게 원하는 부분에 도달해 끊어주기만 바랐다. 당연히 비효율적일 수밖에 없었다.

유전자를 가위로 쉽게 잘라 수정할 수 있을까?

크리스퍼의 발견

이렇다 보니 과학자들은 정말 원하는 데만 딱 끊어낼 수 있는 기술을 바랐다. 그래서 실제 가위처럼 유전자의 잘못된 부분을 잘라줄 유전자가위를 구상했다. 아이디어가 등장한지도 이제야 20여 년 정도밖에 되지 않았으며, 실제로 개발돼 적용된 해는 2012년으로 불과 몇 년 전에야 실현된 최신 기술이다. 이 덕분에 사람들이 원하는 유전 정보를 읽는 것을 넘어 문제가 되는 유전자의 사슬을 끊어서 유전병을 근본적으로 치료할 수 있는 단계까지 도달했다.

구상에 그쳤던 유전자가위 기술이 실제로 이뤄질 수 있게 된 데에는 크리스퍼CRISPR, Clustered Regulary Interspaced Short Palindromic Repeats의 발견이 컸다. 크리스퍼는 아주 단순한 형태의 유전자에 불과한데, 이 유전자에 면역기능이 있다는 사실이 유산균 연구 중에 우연히 발견됐다. 2007년 덴마크의 요거트 회사 대니스코DANISCO의 연구원들이 바이러스에 내성을 갖는 것처럼 보이는 유산균을 발견했고 그 속에 크리스퍼 유전자가 발현되어 있는 것을 찾아낸 것이다.

마치 고등 생물체에 존재하는 적응면역 현상, 다시 말해 바이러스나 세균에 감염되면 생체 내에 항체를 만들어뒀다가 다음에 이들이 다시 침입했을 때 효과적으로 방어하는 것과도 같았다. 이는 단세포 생물인 세균에도 적응면역 현상이 존재한다는 것을 최초로 밝히는 데 성공한 사례였다. 더 나아가 바이러스 등의 침입자 정보를 저장했다가 다음 침입 때 효과적으로 방어하는 데 기여하는 유전자가 바로 크리스퍼임을 알아낸 대발견이었다.[6]

0.00000003%의 가능성, 크리스퍼가 해내다

2012년에는 드디어 이를 의학에 적용하는 유전자가위 기술이 본격 태동했다. 제니퍼 다우드나Jennifer Doudna 미국 UC버클리 화학과 교수와 에마뉘엘 샤르팡티에Emmanuelle Charpentier 독일 막스플랑크 감염생물학연구소장은 미생물의 면역 시스템인 크리스퍼와 절단 단백질 캐스나인^{Cas9}을 활용해 미생물 유전자를 정밀 교정할 수 있는 크리스퍼-Cas9을 처음 고안했다. 이후 장펑$^{Zhang\ Feng}$ MIT-하버드대 브로드연구소 교수팀과 한국의 김진수 기초과학연구원^{IBS} 유전체교정단장팀은 박테리아보다 한 단계 높은 아메바 등의 진핵생물을 대상으로 한 크리스퍼 기술을 확립하기도 했다.[7]

크리스퍼는 평소에 꼬리를 감추고 있다가 위험요소를 발견하면 정확하게 공격하는 특징이 있다. 이 속성을 이용하면 유전자에 문제되는 부분만 정확히 끊어내는 가위로 사용할 수 있는 것이다. 테스트를 진행해 보니 정확도가 엄청났다. 30억 쌍의 게놈 전체에서 오직 한 곳의 목표를 정확히 자를 확률은 0.00000003%밖에 안 되는데 이를 통과한 것이다. 한편으로는 의외로 다른 곳을 정밀하게 자르는 등의 부작용이 있다는 보고도 나왔다. 그럼에도 현재 등장한 기술 중에서 가장 정확한 것만은 사실이다.[8]

처음에는 사람들이 유전자가위에 대해 긴가민가했고 실제로 실행해 본 사람들은 재연하기 어렵다며 혀를 내두르기도 했다. 그러나 여전히 연구 및 활용 가치가 매우 충분하다. 처음에는 미생물을 대상으로만 실행된 연구가 요새는 단백질의 구조를 바꿔보고자 하는 연구로도 진행되고 있다. 이제는 유전자가위가 많은 사람들이 알 만큼의 보편적인 용어가 됐다.

유전자가위로 황반변성을 치료한다

망막에 이상이 생기는 황반변성이라는 질환이 있다. 황반변성은 망막의 혈관내피가 비정상적으로 두꺼워져서 시야가 탁해지는 질환이다. 지금까지 이 질병을 치료하기 위해서는 항체주사 등으로 혈관의 내피를 두껍게 하는 성장인자를 억제시켜야 했다. 그러나 유전자가위를 활용하면 혈관을 발달시켜 두꺼워지게 하는 유전자를 잘라낼 수 있다. 황반변성을 일으키는 가장 큰 까닭은 노화지만 가족력, 즉 유전자도 여러 원인 중 하나이기 때문이다.

최근 김진수 기초과학연구원 유전체교정단장과 김정훈 서울대학교 교수 연구팀이 세계 최초로 크리스퍼 유전자가위를 눈에 직접 주입해 혈관내피성장인자 유전자 제거 수술에 성공했다.[9] 미국 존스홉킨스대의 학자들도 노인성 황반변성을 유전자 치료로 부작용 없이 치료할 수 있다는 실험적 연구 결과를 발표했다.

유전자가위는 병이 있는 부분에 주사를 놓듯 유전자가위를 투여해 사용할 수 있다. 그러면 이것이 해당 세포로 다가가 화학반응을 통해 문제가 되는 부분만 잘라낸다. 이렇게 눈에 치료 유전자를 도입하는 실험적인 치료는 위험성도 적으며 노인성 황반변성 환자들의 시력을 보존하는 데에도 효과적이라는 결과를 보였다.[10]

맞춤형 아기의 탄생

이렇게 증상이 보이려 할 때 발병원인을 찾아 없앨 수도 있지만, 배아 단계에서 발병원인을 찾아 없애버린다면 이런 과정조차 필요하지 않을 것이다. 현재는 유전자가위 기술을 통해 환자 개인의 발병 부위 치료는 가능하지만, 그럼에도 그 자식에게는 비정상유전자가 대물림된다. 대물림을 막으려면 자식의 세포 수가 불어나기 시작하는 수정란 상태, 즉 배아단계에서 고쳐야 한다.

그러나 배아 상태에서 유전병을 찾아 크리스퍼로 자르고 조작하는 방법이 가능함에도 불구하고 배아를 연구하는 일은 매우 조심스러운 부분이다. 윤리적인 문제가 있기 때문이다. 인간의 배아교정은 곧 '맞춤형 아기'의 탄생을 의미하기도 한다.

2017년 8월, 유명학술지 『네이처』에는 수정란의 비정상 심장유전자를 유전자가위로 교정하여 정상으로 만든 연구가 실렸다. 이 논문을 발표한 오리건대학 연구진은 '인간개량이 아닌 치명적 심장병 치료'라고 주장했지만, 치료와 개량의 경계는 모호하다. 미국 식품의약안전청은 배아교정 임상시험을 금지하고 있다. 하지만 이제 과학은 인간배아 선별을 넘어 배아유전자 수정이 가능한 곳까지 이미 와 있다.[11]

유전병의 치료와 달리 인간의 특정 기능을 개선하는 방식으로 유전자 시술이 벌어질 수도 있다. 이 기술을 계속 개발하다 보면 결국에는 유전자 변형 식품처럼 아기를 만들어 탄생시킬 수도 있을 것이다. 물론 유전자 조작의 부작용으로 아이가 다른 장애를 갖고 태어날 수도 있다. 그러나 키가 더 크거나 운동신경이 좋거나 하는 등의, 부모의 희망사항에 부합하는 맞춤형 아기가 등장할 가능성 또한 높아진다. 그리고 이러한 우려가 많은 사람의 이목을 끌고 있다.

　지금으로서는 생명윤리 및 안전에 관한 법률 등 각종 규제로 유전공학이 더 발전할 길이 사실상 막혀 있다. 한 생명공학 연구자의 말에 따르면, 이런 규제가 없을 시 유전자 관련 기술은 단 10~20년 내에 완성될 것이라 한다. 연구 현장에서 연구 목적으로라도 이를 터 달라며 요구하는 까닭도 이 때문이다. 윤리냐 발전이냐의 사이에서 합의점을 찾아야 과학기술의 발전에도 가속도가 붙을 수 있다.

정리하기
유전자 기술

1. 게놈 프로젝트는 유전자 속 데이터를 추출하고 해독해 개개인의 몸에 어떤 질병이나 변이가 일어날 수 있는지 알아내는 과정이다. 현재 영국은 정부가 주도해 10만 명의 게놈 데이터를 수집하고 있으며, 미국은 유전자 분석 키트를 팔아 소비자에게 정보를 제공하고, 그중 정보 제공 동의자들의 게놈 데이터를 모아 자료로 쓰고자 하고 있다.

2. 유전자를 해독해 알아낸, 질병을 일으키는 유전자 부위를 가위로 잘라내듯 정교하게 수정하는 방법을 유전자가위라 한다. 2012년 크리스퍼를 이용해 유전자를 미세하게 교정하는 기술을 개발하는 데 성공했고 이를 통해 황반변성 등의 질병을 유전자적으로 치료하는 길이 열렸다.

3. 유전적 원인을 성인이 돼 발견하고 치료하는 단계를 넘어 배아 단계에서 일찍이 발병원인이 되는 유전자를 교정하는 일도 가능한 시대다. 하지만 윤리적인 문제 탓에 법과 규제로 막혀 있는 상태다. 맞춤형 아기의 탄생도 가능한 세상 속에서 이를 지혜롭게 다루는 균형이 필요하다.

국내에서 확인할 수 있는
유전자 검사와 항목

생명윤리 및 안전에 관한 법률(약칭: 생명윤리법)

제50조(유전자검사의 제한 등)

① 유전자검사기관은 과학적 증명이 불확실하여 검사대상자를 오도(誤導)할 우려가 있는 신체 외관이나 성격에 관한 유전자검사 또는 그 밖에 국가위원회의 심의를 거쳐 대통령령으로 정하는 유전자검사를 하여서는 아니 된다.

② 유전자검사기관은 근이영양증이나 그 밖에 대통령령으로 정하는 유전질환을 진단하기 위한 목적으로만 배아 또는 태아를 대상으로 유전자검사를 할 수 있다.

③ 의료기관이 아닌 유전자검사기관에서는 다음 각 호를 제외한 경우에는 질병의 예방, 진단 및 치료와 관련한 유전자검사를 할 수 없다. 〈개정 2015. 12. 29.〉

1. 의료기관의 의뢰를 받은 경우

2. 질병의 예방과 관련된 유전자검사로 보건복지부장관이 필요하다고 인정하는 경우

④ 유전자검사기관은 유전자검사에 관하여 거짓표시 또는 과대광고를 하여서는 아니 된다. 이 경우 거짓표시 또는 과대

광고의 판정 기준 및 절차, 그 밖에 필요한 사항은 보건복지부령으로 정한다.

유전자검사 내용(12)	검사하는 유전자(46)
체질량지수	FTO, MC4R, BDNF
중성지방농도	GCKR, DOCK7, ANGPTL3, BAZ1B, TBL2, MLXIPL, LOC105375745, TRIB1
콜레스테롤	CELSR2, SORT1, HMGCR, ABO, ABCA1, MYL2, LIPG, CETP
혈당	CDKN2A/B, G6PC2, GCK, GCKR, GLIS3, MTNR1B, DGKB-TMEM195, SLC30A8
혈압	NPR3, ATP2B1, NT5C2, CSK, HECTD4, GUCY1A3, CYP17A1, FGF5
색소침착	OCA2, MC1R
탈모	chr20p11(rs1160312, rs2180439), IL2RA, HLA-DQB1
모발굵기	EDAR
피부노화	AGER
피부탄력	MMP1
비타민C농도	SLC23A1(SVCT1)
카페인대사	AHR, CYP1A1-CYP1A2

의료기관이 아닌 유전자검사기관이 직접 실시할 수 있는 유전자검사 항목에 관한 규정[12]

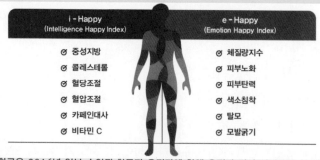

한국은 2016년 일부 승인된 항목과 유전자에 한해 유전자 검사 서비스를 허가했다. 46개의 마커를 이용해 12가지 항목에 대한 개인적인 유전자 검사 서비스와 리포트를 제공한다.[G]

과학상식10

법률로써 제한한
배아 연구

생명윤리 및 안전에 관한 법률(약칭: 생명윤리법)

제29조(잔여배아 연구)

① 제25조에 따른 배아의 보존기간이 지난 잔여배아는 발생학적으로 원시선(原始線)이 나타나기 전까지만 체외에서 다음 각 호의 연구 목적으로 이용할 수 있다.

1. 난임치료법 및 피임기술의 개발을 위한 연구

2. 근이영양증(筋異營養症), 그 밖에 대통령령으로 정하는 희귀·난치병의 치료를 위한 연구

3. 그 밖에 국가위원회의 심의를 거쳐 대통령령으로 정하는 연구

② 제1항에 따라 잔여배아를 연구하려는 자는 보건복지부령으로 정하는 시설·인력 등을 갖추고 보건복지부장관에게 배아연구기관으로 등록하여야 한다.

③ 제2항에 따라 등록한 배아연구기관(이하 "배아연구기관"이라 한다)이 보건복지부령으로 정하는 중요한 사항을 변경하거나 폐업할 경우에는 보건복지부장관에게 신고하여야 한다.

생명윤리 및 안전에 관한 법률 시행령

제12조(잔여배아의 연구 대상인 희귀 · 난치병 등)

① 법 제29조제1항제2호에서 "대통령령으로 정하는 희귀 · 난치병"이란 다음 각 호에 해당하는 질병을 말한다. 〈개정 2017. 2. 28.〉

1. 희귀병

가. 다발경화증, 헌팅턴병(Huntington's disease), 유전성 운동실조, 근위축성 측삭경화증, 뇌성마비, 척수손상

나. 선천성면역결핍증, 무형성빈혈, 백혈병

다. 골연골 형성이상

라. 부신백질이영양증, 이염성백질이영양증, 크라베병

2. 난치병

가. 심근경색증

나. 간경화

다. 파킨슨병, 뇌졸중, 알츠하이머병, 시신경 손상

라. 당뇨병

마. 후천성면역결핍증

② 법 제29조제1항제3호에서 "대통령령으로 정하는 연구"란 공공보건상 잔여배아의 연구가 필요하다고 판단되는 것으로서 국가위원회의 심의를 거쳐 보건복지부장관이 정하여 고시하는 연구를 말한다.

어느 단계부터가
사람일까?

유전자 편집과 관련한 윤리적 문제는 아기가 아직 성숙하지 않았을 때, 그러니까 배아 상태일 때부터 불거지기 마련이다. 설령 실험 과정에서 사람이 되지 않는다고 하더라도, 배아가 자궁에 착상하면 당연히 사람으로 클 수 있는데 과연 그렇게 마음대로 실험할 수 있느냐는 반박이다.

인간에 대한 규정 문제 역시 논란 가운데 있다. 어떤 이들은 뇌 기능을 기준으로, 고통을 느끼기 시작하는 순간부터가 인간이므로 배아는 인간이 아니라 주장하기도 한다. 착상 후 4~5주가 되면 신경세포가 분화되어 배아가 자리를 잡기 시작하니 그때를 기준으로 하자는 의견도 있다. 의학계에서는 임신의 시작을 착상 직후로 보는데, 다만 모두가 이것이 곧 생명의 시작을 의미한다고는 주장하지 않는다. 천주교는 수정과 동시에 이를 인간이라고 본다. 이처럼 각각의 의견이 너무 첨예하게 대립해서 합의를 보기가 힘든 실정이다.

플로우 게놈 프로젝트Flow Genome Project의 공동설립자 겸 연구책임자인 스티븐 코틀러Steven Kotler는 많은 사람들이 배아가 실제로 어떻게 생겼는지 모른다고 한다. 조그만 아기 모양과

공 모양을 각기 보여주며 다음 사진 중 배아가 무엇인지 맞혀 보라고 하면 대부분 아기 모양을 선택한다는 것이다. 많은 사람들이 배아를 인간으로 인식한다는 뜻이다.[H)]

배아는 처음에는 난자와 똑같다. 금이 간 겉모양만 눈에 띨 뿐이다. 포배에서 난배 단계로 가면 공이 쭈글쭈글해지는 모양이고, 착상된 상태에서는 올챙이 모양이 됐다가 점차 사람으로 자라난다. 일각에서는 배아가 실제로 어떻게 생겼는지 알려지면 사람들이 생각을 바꿀 것이라고도 보고 있다.

과학상식12

DNA에
동영상을 저장한다

DNA는 단단한 구조물인 덕분에 안정적인 저장매체로 활용되기 좋다. 우리가 만드는 웬만한 전자공학 산물보다 단단하면서 효율이 좋다. 실제 DNA는 이론적으로 1g에 약 10억 GB의 데이터를 저장할 수 있고, 이를 수십만 년동안 안정적으로 보존할 수 있다.

미국 하버드 의대 조지 처치George Church 교수 연구진은 대장균 유전체에 사람이 말을 타고 달리는 동영상 파일을 저장해 읽어내는 데 성공했다. 연구진은 영국 사진작가 이드위어드 마이브리지Eadweard Muybridge의 〈인간과 동물의 운동〉이라는 작품의 사진을 활용해 연속된 사진 다섯 장의 위치와 명암 정보를 A, T, C, G의 4가지 염기로 변환한 뒤 5일 동안 하루에 한 프레임씩 대장균에 넣었다. 각 프레임의 정보는 넣은 순서대로 대장균의 크리스퍼 영역에 순서대로 삽입됐다. 이후 연구진은 대장균의 크리스퍼 영역을 시퀀싱으로 해독해 90%의 정확도로 재생하는 데 성공했다.[13]

그러나 아직 경제성에서는 넘어야 할 장애가 적지 않다. 데이터를 저장할 DNA 장치를 대규모로 만들기에는 아직 그 비

용이 너무 비싸다. 현재 DNA로 2MB짜리 저장장치를 만드는
데는 약 7,000달러가 들어간다. DNA가 데이터의 저장과 복
원이 가능하다는 점이 입증됐지만 이제 남은 것은 과연 언제
쯤 상용화되어 우리 손에 들어올 것이냐 하는 점이다. 그래도
앞으로 10여 년 정도면 상용화될 것으로 예상되고 있어, 생각
보다 그 속도가 매우 빠른 편이다.[14]

8장

4차 산업혁명의
미래를 결정하는 에너지

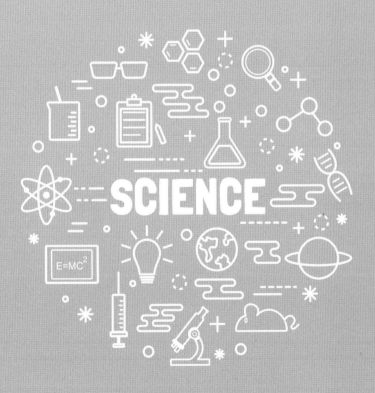

에너지와 인류의 미래

인간은 생각 이상으로 에너지를 많이 쓴다. 우리나라 인구를 5천만 명으로 환산했을때, 1년간 한 사람이 사용하는 에너지의 양은 석유로만 따지면 13톤, 석탄으로는 19톤, 나무로는 52톤에 이른다. 이 중 전기를 만드는 데 사용되는 비율은 20%에 이른다.

4차 산업혁명 시대와 맞물려 에너지 사용량을 줄여야 한다는 목소리가 높다. 세상이 발전할수록 에너지의 수요가 높아지면서 이상기후 문제 또한 심각해졌다. 이런 까닭에 기술의 발전이 초래하는 부작용을 억제할, 또 다른 기술을 발전시켜야만 하는 아이러니한 상황에 놓이게 되었다. 허나 우리에게 놓인 시간 제약에 비해 신기술이 개발되는 속도는 여전히 더디기만 하다. 이에 대한 대안으로 떠오르고 있는 것이 바로 신재생에너지다.

에너지 사용량은 줄지 않는다

인공지능이 인간의 노동을 대체하게 될 경우 지구는 에너지를 절약하게 될까? 답은 '아니오'다. 인공지능이 노동을 대체하게 되면 인간이 일을 하던 때보다 오히려 에너지 사용량은 더 많아질 것이다. 인공지능이 인간을 대신해 일하는 만큼 에너지를 충전해야 하고, 또 그만큼 사용하기를 반복할 것이기 때문이다. 간단히 말해 공장은 계속해서 돌아가고, 거기서 인간이 배제될 뿐이라는 말이다.

그런데 인간이 노동을 하지 않는다고 해서 에너지 사용량이 줄어드는 것도 아니다. 노동시간을 제외한 시간에 인간은 또 다른 활동을 하게 될 것이기 때문이다. 음식도 그대로 섭취할 것이고, 확보된 여가시간을 이용해 이곳저곳을 움직이느라 바쁠 것이다. 따라서 인공지능이 인간의 일을 하더라도 에너지 사용 총량은 오히려 늘어날 뿐이다.

에너지 사용량을 줄여야 한다고 하지만 산업계에서는 에너지 사용량이 늘어날 때 더 많은 것들을 할 수 있다고 말한다. 심지어 일각에서는 에너지를 많이 쓰는 것이 곧 발전이라 생각하기도 한다. 그러나 무조건 에너지 사용량을 늘리는 길로 직진했다가는 자연의 혹독한 심판을 맞이할지도 모를 일이다. 때문에 계속해서 불어나는 에너지 사용량에 제동을 걸어야만 하는 상황이다.

에너지 문제의 핵심은 이산화탄소

에너지 문제의 핵심은 화석연료의 사용에 있다. 이는 4차 산업혁명과는 상관없이 중요한 문제이다. 화석연료는 이산화탄소를 배출하고 이산화탄소의 증가는 곧 지구온난화를 가속시키기 때문이다.

지구온난화는 인류를 향한 숱한 위협의 시작이 된다. 빙하가 녹게 되면 해수면이 상승하고 그 결과로 해안지역의 많은 땅들이 바다 속으로 들어간다. 사람과 달리 이주가 불가능한 수많은 식물들과 그들에 기대어 사는 수많은 생물들에게 있어 해수면 상승은 완벽한 재앙이다. 해수면이 상승하면 해수의 흐름이 교란되고 기후가 바뀌어 생태계가 위협받게 된다. 내륙지방은 더욱 건조해지면서 사막화가 촉진된다.

지구온난화는 인류가 만들어 낸 여러 문제 중 가장 위험한 것이기도 하다. 이전의 대멸종에서도 하나같이 지구온난화가 대전조로 나타났다.[A] 이상 고온 현상과 더불어 기후가 요동치는 현상도 나타난다. 이상 한파 역시 균형이 무너진 기후가 보이는 현상이며 갑작스러운 폭우나 가뭄, 태풍이나 사이클론과 같은 파괴적인 기상현상도 더 증가한다.[B]

물론 이산화탄소의 일부는 바다에 녹아 대기 중에서 줄어들기도 한다. 바다에 흡수된 이산화탄소는 바다 속의 여타 다른 이온물질들과 함께 결합해 해저에 가라앉는다.[C] 오랜 기간 지구의 평균 기온이 1℃만 오르게 된 것도 이 덕분이다.

이산화탄소가 바다 속에 들어가면 탄산칼슘을 만들어 내는데, 게 껍데기의 성분이 이와 동일하다. 그런데 바다에 이산화탄소가 더 많이 들어가게 되면 탄산칼슘과 결합하여 탄산수소칼슘으로 바뀌게 된다. 탄산수소칼슘은 물에 녹는 성질을 갖고 있기 때문에, 새우처럼 작은 갑각류의 얇은 껍데기부터 물에 녹아내리게 된다는 것이다. 요즘 이러한 현상이 북극이나 남극에서 발견되고 있다. 기체는 찬 물에 더 잘 녹기에 남·북극의 차가운 바닷물에서 먼저 발생한 것이다. 이제는 바다의 대기 중 이산화탄소 흡수 기능도 그 한계에 이르렀다고 봐야 한다.

지구 온도 1℃ 상승이 위험한 이유

앞서 말했듯 산업혁명 이후 지구의 평균 기온은 1℃가 올랐다. 동해의 평균 수온은 1970년에 약 16℃ 정도였으나 2000년에 약 17℃가 됐다. 아무것도 아닌 것 같은 1℃의 변화로 바다의 생태계는 완전히 뒤집혔다. 동해안에서 명태와 같은 한류성 어종의 씨가 말랐다. 육지의 생태계도 마찬가지다. 한반도의 온도가 조금씩 올라감에 따라 소나무와 같은 침엽수들은 활엽수들과의 경쟁에서 밀리게 되었다. 동네 뒷산에 올라가 둘러보아도 설 자리를 잃고 고사하는 나무들의 대부분이 소나무이다.[D]

기후변화는 한 번 진행되면 되돌릴 수 없기 때문에 이를 피하기 위해 국제에너지기구^{IEA}는 대기 중 이산화탄소의 농도를 450ppm 이하로 안정화시켜야 할 것으로 추산했다.[E] 그러나 이대로 이뤄지기는 쉽지 않은 일이다. 에너지를 가장 많이 사용하는 1위 국가가 중국이고 2위가 미국인데, 이 두 나라의 에너지 사용량만 합해도 지구 전체 사용량의 40%를 차지한다. 그 다음인 러시아와 인도까지 합치면 절반에 더 가까워진다. 이 네다섯 나라에서 사용량을 줄이지 않으면 나머지 국가가 아무리 열심히 줄여도 큰 소용이 없다는 이야기이다.

한편 우리나라 에너지의 총 생산량을 따지면 여전히 석유와 석탄이 가장 많으며 그 다음이 원자력이다. 전기에너지로만 따지면 이 셋을 합친 비중이 거의 90% 수준에 육박한다. 이산화탄소의 급증을 막기 위해 화석연료의 사용을 줄이는 동시에 신재생에너지 정책을 실정에 맞게 잘 적용시켜야 할 필요가 있다.

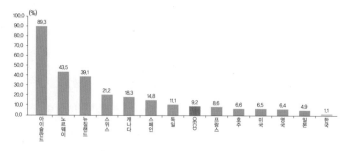

OECD 국가별 신재생에너지 생산비율[1]

태양광의 한계

신재생에너지 하면 태양광 발전을 먼저 생각하겠지만 실제로 태양광 발전은 제약이 많은 발전 방법이다. 맑은 날이 많아야 발전에 유리한데, 우리나라의 경우 맑은 날이 일 년에 석 달이 채 되지 않아 발전량 자체가 현저히 적다. 또한 밤에는 발전 자체가 불가능하다. 위도가 올라갈수록 여름과 겨울의 격차도 크고 햇빛을 받는 유효면적도 좁아져서 한국과 같은 중위도 이상 지역에서는 큰 효과가 없다.

태양광 패널 역시 제약의 한 부분이다. 새로운 태양광 패널 소재가 계속 개발되고 있는 중이긴 하지만 아직 기존의 것을 대체할 수준은 되지 못하고 있기 때문이다. 또 패널의 내구연한이 20~25년 정도밖에 되지 않아 이후에는 패널 자체를 폐기해야 된다. 오랜 시간 사용하다 보면 효율 역시 점점 더 떨어진다.

패널 역시 전자제품이기에 폐기하고 새로 만드는 과정에서 독성물질이 나온다. 이렇게 제조와 폐기 과정이 친환경적이지 않다는 문제도 해결해야 할 문제다. 물론 휴대폰 등 다른 전자제품에 비해 개별로서는 독성이 크지 않지만, 보통 대규모로 만드는 것이다 보니 폐기할 때가 와서는 고민이 생길 수밖에 없다. 대세를 따른다면 태양광 발전은 분명 필요한 방법이지만 아직 기술적으로 해결할 부분이 많은 실정이다.

풍력 발전이 남긴 과제

전 세계 여러 지역 중 유럽이 선택한 가장 나은 대안은 풍력 발전이다. 풍력이 각광받는 이유는 태양광 발전에 비해 에너지 효율이 높아서이다. 그러나 이 또한 완전히 안정적이지는 않다. 바람이 언제 어떻게 불지를 모르기 때문이다. 게다가 최근 연구에 따르면 풍력 발전이 지표면의 온도를 올리는 경향이 있다고도 한다. 물론 화석연료보다는 낮지만 말이다.

사람이 사는 곳에 발전 기기를 대규모로 설치할 수 없다는 단점도 있다. 대규모 풍력발전소 자체가 일으키는 저주파 소음이나 환경 문제 때문이다. 풍력발전소를 보통 산간 지역에만 설치하는 이유가 바로 여기에 있다. 그러나 산에 설치하는 것은 사실상 환경을 더 망치는 일이기도 하다.

그래서 최근 대두되는 것이 사람이 살지 않는 바다에 발전소를 설치하자는 주장이다. 바다의 경우 일정 조건만 되면 가로막는 것 없이, 어느 정도 끊임없이 바람이 불어준다는 장점이 있다. 바람의 방향도 일정한 편이니 훨씬 나은 환경이다. 해안가에 설치하는 것을 넘어, 아예 인공섬을 만들어 그 주위에 부유하는 식의 방법을 덴마크가 시도하고 있다. 북해에 풍력발전소를 설치하여 스코틀랜드와 스웨덴에도 송전선을 통해 전기를 공급하겠다는 계획이다.

신재생에너지도 결국 환경을 파괴한다?

풍력발전소가 도리어 환경을 망치는 사례는 여러 곳에서 확인할 수 있다. 바람이 잘 부는 자리에 풍력발전소를 대규모로 설치했더니 다음 해에 생태계가 바뀌었다는 보고가 여러 매체에서 나온 것이다. 먼저 인도 남서부의 서고트 지역이 대표적이다. 이 지역 근방을 비교했을 때 풍력 단지가 있는 곳에서는 그렇지 않은 곳에 비해 말똥가리, 매, 솔개 등 맹금류가 훨씬 적게 관찰됐다. 연구자들은 대신 풍차가 없는 곳에서 맹금류가 급강하해 먹이를 공격하는 빈도가 4배 더 잦았다고 밝혔다. 맹금류가 풍차에 부딪혀 죽는 일을 피하고자 그 자리를 떠나왔기 때문이다.

이 지역에 포식자가 줄자 그들의 주요 먹이인 도마뱀에게도 변화가 일어났다. 그곳에 사는 도마뱀은 스스로 도망치기 직전까지 사람의 접근을 허용하는 거리가 풍력 발전소가 없는 곳보다 5배나 짧았다. 포식자가 감소함에 따라 도마뱀이 생리적으로 느긋해진 것이다. 그럼에도 발전소 부근의 도마뱀은 다른 지역보다 오히려 대체로 말랐다. 포식자가 줄어든 뒤 도마뱀의 밀도가 3배나 늘었고, 도마뱀 한 마리당 먹을 수 있는 절지동물의 양 역시 그만큼 줄어드는 결과가 나타난 것이다.[2]

2013년 『생명과학』지에 발표된 바에 따르면 최근 북미 전역의 풍력발전소 아래에서 박쥐 사체가 많이 발견되기도 했다. 2012년 한 해 동안 미국에서 풍력발전소 때문에 죽은 박쥐가 60만 마리나 되며 이들은 주로 풍력발전기의 날개에 맞아 죽었다. 60만 마리도 최소한으로 잡은 수치라고 하니 실제로는 훨씬 더 많은 수가 희생당했을 수 있다.

바다 건너 영국에서는 수의학자들이 박쥐들이 떼죽음 당한 이유를 추적했다. 영국에서도 풍력발전기에 죽은 박쥐가 많이 발견되는데 그 이유가 풍력 발전의 터빈이 만들어 내는 기압 차이 때문일·가능성이 높다고 한다. 거대한 풍력발전기가 회전하며 뿜어내는 바람은 약 5cm 크기의 박쥐가 감당하기에 너무 큰 기압의 차이를 발생시키며, 이 때문에 박쥐의 장기가 파열돼 죽었다는 것이다. 영국 일간지 『텔레그래프』의 2013년 보도에 따르면 겉모습은 멀쩡하나 귀나 폐 등에 상처를 입은 박쥐가 많았다고 해 이 주장에 설득력이 더해진다.[F]

이렇듯 인간의 모든 크고 작은 행위가 자연에 영향을 미치며 생태계에 교란을 일으키기도 한다. 그렇다고 모든 것이 나쁘다는 식의 양비론으로 결론지을 것은 아니다. 그중에서 무엇이 더 나쁜 영향을 주고 덜 나쁜 영향을 주는지를 가릴 수 있어야 한다. 신재생에너지와 관련한 아이디어 2~30가지 중 여기서 다루는 일부는 기술의 역량에 따라 경제성도 어느 정도 확보할 수 있으며. 환경에도 그나마 영향을 덜 미치는 것들이다.

폐기물에너지도 신재생에너지이다

신재생에너지라고 해서 꼭 태양광, 풍력, 조력, 지열 등만을 칭하지는 않는다. 폐기물을 태워 에너지를 생산하는 폐기물에너지도 실은 신재생에너지다. 지금도 세계는 태울 만한 것들을 다 태우고 있는 중이다. 그래서 오히려 쓰레기양이 줄어들고 있다. 폐기물에너지를 늘리려면 쓰레기 역시 더 늘어나야 하는데 이는 현실적으로 불가능한 일이다.

그래서 요새도 나무 땔감을 수입하여 태우고 있다. 종이를 만들고 남은 찌꺼기나 지푸라기를 태우는 것도 모두 폐기물에너지다. 그러나 이렇게 나무를 확보하는 데에도 한계가 있으며, 재활용으로 인해 쓰레기의 양도 계속 줄어드는 현실이기에 그 활용에 한계점이 있다.

원자력 발전, 어떻게 할 것인가?
원자력이 극복해야 할 과제

핵분열 발전의 큰 문제점

화석연료 다음으로 많이 사용되는 원자력은 핵분열 방식으로 이뤄진다. 질량의 일부를 손실시켜 그 손실된 질량을 에너지로 바꾸는 것이다. 그런데 천연 우라늄을 정제해 핵연료를 만드는 것부터가 어렵고 힘들거니와 정제하기에 좋은 우라늄의 양도 한정되어 있다. 우리나라 화성암 층의 경우 우라늄 성분이 많기는 하나 경제성이 없다.

가장 큰 문제는 우라늄이 분열된 뒤 남은 핵연료의 방사능이 너무 강하고 오래 간다는 것이다. 그 기간이 자그마치 몇십만 년이나 된다고 하니 보관이 문제다. 경주에 방사능 핵폐기물 처리장이 생겼으나 이곳 또한 중저준위 폐기물만 보관한다. 고준위 핵폐기물을 보관하는 곳이 아니라 거기에 사용된 부품이나 옷 등 비교적 방사능 세기가 낮은 것들만 모아놓고 있다. 고준위 핵폐기물 처리시설은 전 세계적으로 존재하지 않는다.

미국에도 이와 같은 처리장은 없다. 각각의 핵발전소마다 그 밑에 몇십 년째 임시저장 중인 상태다.

핵발전소는 임의로 해체할 수도 없다. 핵발전소는 그 자체로 방사능 덩어리이기 때문에 폐기한다 하더라도 100년 이상 다른 용도로 사용할 엄두를 못 낸다. 체르노빌 원전 사고가 터진 지 몇십 년이 됐다. 그런데 이제야 겨우 어떻게 활용할지를 고민하는 중이다. 그나마 유력한 답이라고는 아무도 살지 않는 체르노빌을 태양광 패널로 덮어버리자는 아이디어뿐이다. 이번 세기 말까지 아무도 거기서 무엇을 할 생각을 못 하고 있다. 이러한 위험성 때문에 원전 반대의 목소리도 커지고 있어 핵발전소를 앞으로 더 늘리는 것은 힘들어 보인다.

핵분열 발전 과정에서는 다양한 방사성 물질이 나온다. 후쿠시마 원전 폭발 사고 당시 문제가 된 것이 요오드131과 세슘137이었다. 둘은 특성이 정반대이다. 요오드131은 반감기가 불과 8일이라 유출 초기에 노출될 경우에 특히 위험하며, 세슘137은 반감기가 30년이어서 당장이 아니어도 두고두고 위협이 될 소지가 있다. 반감기는 동위원소의 양이 절반으로 줄어드는 데 걸리는 시간이므로 후쿠시마 사고로 유출된 물질 중 요오드131의 경우 지금은 사실상 사라졌을 것이고, 세슘137은 어딘가에서 꾸준히 방사선을 내놓고 있을 것이다.

사고가 난 지 약 2년이 지난 2013년에 일본이 방사능오염수의 해양 유출 사실을 발표하자 큰 파장이 일었던 것도 같은 맥락에서다. 이때 지하수와 강을 통해 어마어마한 양의 방사성 물질이 바다로 유입된 것은 세슘137 같은 원소가 토양에 워낙 잘 달라붙기 때문이다. 즉 사고 직후 지하수나 강을 통해 토양에 달라붙었던 방사성 물질이 지금도 붙어 있는 채로 조금씩 바다로 이동한다는 뜻이다. 특히 장마철 폭우로 급류가 생길 때 더 많이 쓸려 내려간다. 바꿔 말하면 후쿠시마 인근 바다 밑의 퇴적물에 여전히 세슘137을 비롯한 방사성 물질이 자리하고 있다는 이야기이다. 그리고 이 방사성 물질은 반감기가 다 지날 때까지 계속해 흘러나올 것이다. 2016년에는 이러한 방사성 물질이 멀리 떨어진 미국 서부에서 발견되며 큰 충격을 주었다.[G]

성배로 각광받는 핵융합

지구에 도달하는 햇빛의 10%는 핵융합에서 비롯된 반물질에서 나온다. 태양 내부에서 일어나는 핵융합반응에서 수소원자핵(양성자) 네 개가 헬륨원자핵이 되면서 양전자(전자의 반물질)가 두 개 나온다. 이때 양전자는 나오자마자 주변의 전자를 만나 소멸되며 강력한 감마선을 낸다. 그런데 이 감마선은 반지름만 수십만 킬로미터인 태양의 내부를 빠져 나오면서 에너지를 조금씩 잃게 되고, 표면에서 빠져나왔을 때는 결국 대부분 가시광선이 되어 지구로 온다.[H]

핵융합 발전에 쓰이는 원통형 진공용기 토카막[3)]

　말도 탈도 많은 핵분열 다음으로 나오는 대안이 바로 이 핵
융합이다. 만약 핵융합이 현실화 되면 많은 문제를 해결할 수
있다. 이를 해내려고 유럽에서도 핵융합 과정에 필요한 원통
형 진공용기인 토카막을 세우고 있다. 우리나라도 이에 대한
큰 지분을 갖고 있다.

　핵융합은 중수소를 합쳐서 헬륨을 만드는 것이다. 원자핵
둘을 합쳐서 더 큰 원자를 만드는데 이 과정에서 질량이 손실
되며 에너지가 나온다. 이 과정의 이점이 큰 이유는 앞서 말한
방사능을 중저준위 정도로만 갖고 있어서 인간이 감당할 만
하다는 부분이다. 핵분열이 구하기 힘든 우라늄을 사용하는
반면 중수소는 바닷물 속에 녹아 있는 것을 웬만큼만 걸러서

쓰면 된다는 사실도 장점이다. 이를 투입해 단 10%의 효율만 나와도 생산성은 충분하다. 연료를 구하는 비용 등이 어느 정도 궤도에 오르면 앞서 만든 에너지를 가지고서 그것만으로 발전소를 돌리면 된다.

문제는 기술을 발전시키는 시간이다. 일단 우리나라의 계획은 2050년 정도에 상업용 핵융합로를 만들겠다는 계획이다. 그러나 계획대로 이루어질지는 알 수 없다. 유럽도 2060~70년까지 상용화하겠다는 계획은 세웠으나 이 역시 실현될지 모르는 일이다. 많은 과학자들의 설왕설래가 있지만 금세기 말에는 가능하지 않을까 예상할 뿐이다. 나름대로 상용화를 시도 중이지만 기술의 난이도가 매우 높아 어려움이 있다.

무엇보다 지구상에 1억℃를 버틸 물질이 없다. 물질을 담아 핵융합을 만들어 낼 토카막, 즉 원통이 없다. 원통 속 한가운데에 자석을 놓고 1억℃짜리 플라즈마가 빙빙 돌아다니도록 해야 하는데 이 자석을 잘 컨트롤하여 가둬놓기가 힘들다. 게다가 이것이 튀었다 하면 원통의 벽면이 녹아내린다. 심지어 방사선도 강한 탓에 지금으로서는 유지시간을 1분에서 3분으로 서서히 늘려가기만 할 뿐이다. 그나마도 옛날에는 1~3초밖에 버틸 수 없었다. 이렇다 보니 지구 밖에서 물질을 찾아 가져와야 하는 것이 아니냐는 의견도 있다. 우주개발적인 관점에서 지구상의 물질로는 한계가 있으니 외부에서 들여와야 한다는 말이다.[3]

레이저를 쏴서 핵융합을 일으키는 방법도 있는데 이것은 더 어렵다. 물 한 방울을 떨어뜨리면서 이 한 방울이 떨어지는 순간에 레이저를 쏴 온도를 1억℃로 올리고 공중에서 핵융합을 일으키게 하는 원리다. 이 기술이 가능하려면 떨어지는 물방울부터 맞혀야 하기 때문에 레이저가 굉장히 정확해야 한다. 이 방법도 동시에 진행되고는 있으나 원통에서 핵융합을 시키는 방식이 그나마 연구 속도가 빠른 편이다.

한편 중수소를 1억℃나 올릴 필요 없이 상온에서도 핵융합이 가능하다는 이론이 한때 반향을 부르기도 했다. 미국 유타대의 화학자 마틴 플라이슈만Martin Fleischmann은 1989년 세상을 떠들썩하게 한 '상온핵융합' 발표 해프닝으로 유명한 인물이다. 중수소에 팔라듐 전극을 담그고 전류를 흘려주면 중수소 분자가 생기는데 이 과정에서 30℃인 용액이 50℃까지 올라가 수일간 지속됐다는 것이었다. 플라이슈만은 이 열이 팔라듐 결정격자 사이로 들어간 중수소가 서로 핵융합반응을 일으킨 결과라고 설명했다.

인류의 에너지 문제를 단번에 해결할 수도 있었기 때문에 이들의 발표는 센세이션을 불러일으켰다. 그러나 전 세계의 많은 과학자들이 재현 실험에 뛰어들었으나 대부분 실패하고 말았다. 끝내는 플라이슈만과 그의 연구진이 사기꾼으로 몰려 과학계에서 추방되기까지 했다.[1]

전력민주주의 시대

전력민주주의와 특성화

전력망은 점차 커지겠지만 그만큼 점차 복잡해질 것이다. 태양광 패널과 풍력 발전용 터빈 같은 신재생에너지원을 전력망에 추가하면 전기를 인터넷의 패킷packet처럼 세세한 단위로 움직이게 해야 한다. 태양은 균일하게 내리쬐지 않고 바람은 방향을 바꾸기 일쑤여서 전력의 흐름이 심하게 변하는 탓이다. 따라서 전력이 지역이나 시간에 따라 균일하게 흐르도록 할 필요가 있다. 여기에 우리 전력 수요의 가변성 문제를 더하면 해결해야 할 과제는 매우 복잡해진다.[J]

이렇다 보니 아예 패러다임을 바꿔야 한다고도 주장한다. 현재의 중앙 집중 형식의 전력 패러다임, 즉 커다란 발전소를 만들어서 각 지역에 공급하는 방식이 아니라 각 지역 커뮤니티마다 소규모 발전소를 만드는 것이다. 각 지역이 소비하는 양만이라도 자체적으로 생산하게 하자는 말이다. 이를 전력민주주의 체제라고 부른다.

풍력 발전기를 민가 근처에 세울 수 없다고 했지만, 작은 마을에 큰 풍차 하나를 놓는 정도는 가능할 것이다. 소규모로 설치하면 가성비가 작아도 지역 복지 차원으로 접근하면 예산 안에서 해결할 수 있다. 태양광 아니면 풍력 식의 이분법으로만 볼 것이 아니라 바다면 파력 발전, 온천이면 지열 발전 등 각 지역의 고유한 특성에 맞춰 조그만 발전소를 돌려보자는 주장도 화두가 되고 있다. 이처럼 신재생에너지를 민주적인 시스템으로 쓰는 형식을 두고 분산자원이라고도 부른다.

불안한 신재생에너지, 스마트그리드로 똑똑하게 관리

전력을 조금 더 효율적으로 활용하는 방법은 신재생에너지들을 스마트그리드 형태로 엮는 것이다. 신재생에너지가 안정적이지 않다 해도 어디선가 누군가는 밤이고 낮이고 에너지를 써야 한다. 이때 스마트그리드 형태로 우리나라의 전체 전력 지도를 인공지능으로 엮으면 한쪽이 덜 생산하는 동안 다른 쪽에서 더 생산하는 형태로 규모를 확장할 수 있다. 여러 번 등장했지만 다시 한 번 설명하자면, 스마트그리드란 전기 공급자와 생산자들에게 첨단 정보통신 기술을 이용해 실시간으로 전기 사용자의 정보를 제공함으로써 이전보다 효율적으로 전기 공급을 관리하게끔 해 주는 서비스다.

이제 많은 소비자들은 전력이 단일 전력망으로 공급된다

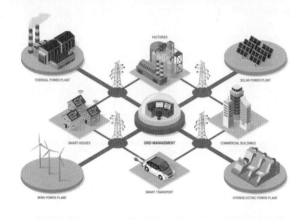

SMART GRID
ELECTRICITY SUPPLY NETWORK

FACTORIES

THERMAL POWER PLANT

SOLAR POWER PLANT

SMART HOUSES

GRID MANAGEMENT

COMMERCIAL BUILDINGS

WIND POWER PLANT

SMART TRANSPORT

HYDROELECTRIC POWER PLANT

스마트그리드를 통해 신재생에너지를 더욱 똑똑하게 관리할 수 있다.

하더라도 어느 생산자에게서 전기를 구매할지 선택할 수 있다. 이에 따라 전력 공급자들은 가격과 친환경성을 두고 다른 공급자와 경쟁하게 될 것이다. 이제는 전기에너지에 관한 데이터가 전력 자체만큼 가치 있는 세상으로 이동하는 중이다. 스마트그리드는 우리가 전기를 어떻게 사용하는지를 더 잘 이해하고 세심하게 주의토록 하는 잠재력을 가지고 있다. 스마트그리드 시대에서 전력 공급자를 선택하는 일은 오늘날 스마트폰 공급자를 선정하는 일과 비슷해질 것이다.[K]

스마트그리드의 확장판, 슈퍼그리드

스마트그리드를 더 확대하면 슈퍼그리드가 된다. 일본, 중국, 몽골, 한국까지 범위를 넓힌다면 신재생에너지의 예외성 문제는 사라질 수 있다. 태양광 발전의 경우 해가 질 때 같은 시간에 진다는 제약이 있겠지만 나머지 에너지원의 경우 큰 도움이 된다. 중국에서 바람 많이 불 때 일본에는 바람이 불지 않을 수도 있다. 이때 에너지를 서로 주고받음으로써 평균치를 유지하는 것이다.

북유럽 스칸디나비아는 근 시일에 이러한 슈퍼그리드를 만들고자 한다. 동아시아에서 이를 먼저 제안한 사람은 손정의다. 한중일몽러를 연결한 슈퍼그리드를 만든다면 어느 한 곳에 문제가 생겨도 이웃나라를 통해 에너지가 품앗이되지 않을까 하는 생각에서다. 하지만 일본과 중국이 이에 대해 큰 관심을 보이지 않고 있어 외교적으로 해결해야 할 과제가 크다.

분산이냐 집중이냐 그것이 문제로다

스마트그리드의 방향에 관한 주장 역시 둘로 나뉜다. 하나는 분산형 전력 정책으로 치고 나가야 신재생에너지가 성공적으로 각 지역에 확대되는 데 도움이 될 것이라는 생각이다. 다른 하나는 중앙집중형으로도 스마트그리드를 충분히 도입, 관리할 수 있다는 주장이다.

중앙집중 지지자들은 태양광과 풍력이 늘어나도 중앙에서 관리만 잘 하면 전력을 탄력적으로 움직일 수 있을 것이라 주장한다. 실제로 우리나라는 피크전력이 매우 높을 때를 제외한 평소에는 가스발전소를 돌리지 않아도 된다. 혹서기나 혹한기에나 가끔씩 필요할 뿐이다. 물론 관리가 잘 된다는 전제가 필수적이지만, 현실적으로 원자력이나 화력 발전의 비중을 비약적으로 줄이는 것이 쉽지 않은 만큼 이들은 중앙에서 큰 발전원을 잘 관리하는 것을 지지하는 것이다.

　반면 분산형 전력 정책 지지자들은 원자력과 화력 발전을 줄이면서 태양광과 풍력의 비중을 크게 높이고 싶어한다. 이들은 중앙집중형을 지지자들의 의견을 에너지 주도권을 독점하려는 움직임으로 생각하며, 분산이 곧 민주주의라고 말한다. 이와 같은 갈등이 첨예하게 대립하고 있어 앞으로 어떤 방향으로 흘러갈지가 주목된다.

정리하기
에너지 문제

1. 에너지 사용량을 줄여야 하는 이유는 이산화탄소 때문이다. 이산화탄소는 지구온난화를 앞당기고 있으며 바다가 이산화탄소를 녹이는 양도 한계에 다다르는 중이다. 이를 막기 위해 태양광이나 풍력 등의 신재생에너지로 전환하는 과정이 전 세계적으로 한창 이루어지고 있다.

2. 원자력 중 현재의 핵분열 발전은 방사능이 강한 핵폐기물이 나온다는 치명적인 문제를 안고 있다. 한편 핵융합은 핵분열의 단점을 보완함은 물론 지구의 모든 에너지 문제를 해결할 성배로 각광받고 있으나 기술의 어려움으로 인해 아직 갈 길이 멀다.

3. 전력민주주의란 신재생에너지가 활성화됨에 따라 각 지역에서 저마다의 특성에 맞게 전력을 생산하고 이를 지역민들끼리 함께 사용하는 형태다. 스마트그리드는 들쑥날쑥한 신재생에너지를 실시간으로 효율성 있게 관리하도록 돕는 설비다. 다만 스마트그리드를 분산형으로 하느냐 중앙집중으로 하느냐에 대한 논란이 있다.

'탄소 제로' 실현하는
원자력의 역설

핵분열 방식의 원자력 발전은 핵폐기물 문제 등으로 여론
의 벽에 부딪혀 점차 저물어가고 있다. 그러나 환경적 측면에
서 보면 화력발전에 비해 원자력발전이 훨씬 낫다는 주장이
여전히 힘을 가지고 있다.

아르곤국립연구소Argonne National Laboratory의 은퇴한 핵물리학
자 조지 스탠포드George Stanford는 이렇게 말했다. "원자력 발전
이 무조건 이길 수밖에 없다. 체르노빌 사고로 현장에서 사망
한 사람의 수는 56명이다. 일 년에 3~4명 정도는 더 사망할
수도 있다. 하지만 이는 화석연료가 지구 전역에 끼치는 손해
에 비하면 아무것도 아니다."

『뉴욕타임즈』의 기자이자 『세계를 구하는 힘: 원자력의 진
실Power to Save the World: The Truth About Nuclear Power』의 저자 기네스
크레이븐스Gwyneth Cravens가 더 상세하게 설명한다. "만약 한 명
의 미국인이 일생 동안 원자력 발전으로 만든 전기만 쓰고 산
다면 그 사람이 만들어 내는 폐기물은 탄산음료 캔 안에 들어
갈 정도의 양일 것이다. 그러나 만약 한 명의 미국인이 일생
동안 석탄을 태워서 만든 전기만 쓰고 산다면 그 사람은 무려

68.5톤에 달하는 폐기물을 만들어 내는 것과 같다. 그것을 전부 집어넣으려면 12톤짜리 객차 여섯 대가 필요하다. 이뿐만 아니라 발전 과정에서 만들어지는 이산화탄소 배출량도 77톤에 달한다." 이와 달리 원자력 발전은 탄소를 거의 배출하지 않는다.

석탄은 그 자체로 심각한 오염물질이기도 하다. 석탄에는 비소, 수은, 납이 포함된 것은 물론이고 방사능 물질인 우라늄, 토륨, 라듐이 원자력 발전소에서 측정되는 수준보다 100배에서 400배 더 높은 수준으로 포함돼 있다. 그럼에도 석탄은 유해 폐기물 규정에서 예외로 취급받는다. 매년 미국에서만 2만 4천 명의 사람들이 석탄 때문에 사망하며, 중국에서는 무려 40만 명이나 사망한다. 크레이브스는 이에 덧붙여 "전 세계적으로 볼 때 모든 종류의 대규모 에너지 생산 방법 중 원자력이 발생시킨 사망자가 가장 적다"고 강조했다.[1]

2차 세계대전 때 떠오른 합성석유, 가치는?

합성석유는 2차 세계대전 당시 독일과 일본이 나서 개발한 연료다. 전쟁 중 상대편과는 달리 식민지를 포함한 자신들의 땅에 석유가 없었기 때문이다. 합성석유가 천연석유에 비해 훨씬 비쌌지만, 전쟁을 치루려면 석유가 있어야만 했기 때문에 개발에 목숨을 걸었다.

독일과 일본은 결국 합성석유 상용화에도 실패했고, 전쟁에도 패하였지만, 그럼에도 합성석유 기술 자체는 발전할 수 있었다. 1950년대 이후 석유 가격이 합성석유보다 더 비싸진 적이 없어서 사장되었으나, 원유 값이 점차 올라가며 다시금 합성석유와 관련된 논의가 나오고 있다. 유가가 30~35불 사이를 기록할 때 경쟁력이 있다고 하는데, 현재 유가는 이보다 훨씬 높다 보니 합성석유를 개발하고자 하는 것이다.

비슷하게 합성가스Synthesis gas도 있다. 기존 기술보다 설비를 설치하는 비용이 10~20% 싸고 이산화탄소도 10% 적게 나와 기대되는 물질이다. 이 기술은 우주선의 로켓엔진이 초고압 조건에서 구동 가능한 펌프와 연소기를 통해 고온의 가스가 빠른 속도로 팽창할 수 있도록 만든 데에서 파생됐다.[M)]

9장

인공지능에게 배우고
스스로 깨우치는 교육

인공지능이 바꾸는
교실의 새로운 풍경

4차 산업혁명으로 말미암아 결정적인 변화를 맞이할 부분 중 또 하나가 교육이다. 꼭 교실에 가지 않고서도 인터넷 강의 동영상을 보며 공부하게 된 지도 매우 오래 전 일이다. 이제는 이마저도 뛰어넘어서 화상으로 활발히 소통하며 원하는 학습을 개인 과외 교사를 두듯이 할 수 있다. 인공지능은 과연 교육 시스템을 어디서부터 어떻게 바꿔가는 중일까?

하버드보다 입학 경쟁률이 더 치열했던 미네르바스쿨

최근 가장 이슈가 돼 유명한 교육기관이 미네르바스쿨이다. 미네르바스쿨은 대학을 꼭 강의실에 가며 다닐 필요가 있느냐는 질문을 바탕으로, 스타트업처럼 투자를 받아 2011년 개교했다. 개교에는 인터넷 기업을 운영하던 벤처창업가 벤 넬슨Ben Nelson이 제안하고 하버드대 사회과학대학장을 지낸

스티븐 코슬린Stephen Kosslyn, 버락 오바마 대통령의 과학정책자문위원을 맡은 비키 챈들러Vicki Chandler가 참여했다. 이에 실리콘밸리 벤처캐피탈업체인 벤치마크가 2,500만 달러(약 290억 원)를 투자하며 4년제 학/석사 학위과정인 '미네르바스쿨'이 탄생했다. 미네르바스쿨은 미국의 대학 컨소시엄인 KGI에 인가된 공식대학이기도 하다.

재미있는 것은 학생을 뽑는 첫 해인 2014년에 하버드와 스탠포드를 제치고 경쟁률 1위를 차지했다는 점이다. 그 해 하버드 합격률이 5.2%였는데 미네르바스쿨은 무려 1.9%에 달했다. 왜 이렇게 많은 학생들이 미네르바스쿨에 열광했을까?

미네르바스쿨은 서울을 포함한 7개 국가의 7개 도시에 기숙사가 있으며, 매 학기 각 도시의 기숙사로 옮기며 생활한다. 1학년은 샌프란시스코(미국), 2학년은 서울(한국)과 하이데라바드(인도), 3학년은 베를린(독일)과 부에노스아이레(아르헨티나), 4학년은 런던(영국)과 타이베이(대만)에 기거하는 식이다. 물가와 치안 등을 고려하여 학생들이 충분히 배울 수 있는 역동적인 도시를 기숙사로 골랐으며 그 결과 서울도 포함됐다. 등록금은 1년에 3,100만 원 정도다. 매 학기 다른 환경의 넓은 세상으로 나가 공부하는 점을 감안한다면 그리 비싼 금액이 아니다.

기본적인 과정은 화상 교육으로 진행되지만 각 나라의 문화를 배우고 실무경험을 배우는 것이 미네르바스쿨의 핵심과정이다. 월요일부터 목요일은 수업과 과제, 금요일과 주말은 '경험 학습'을 한다. 경험 학습은 도시 사람들과 어울리는 일을 말한다. 학생들이 직접 지역사회의 일원이 돼 사람과 사회의 다양성을 몸으로 익히는 것이다.

미네르바스쿨 학생들은 각지의 글로벌 기업과 비영리기업과 연결되어 그 도시의 과제를 함께 고민하고 이와 동시에 실무경험을 쌓는다. 긴밀한 산학연계를 바탕으로 기업이 문제를 의뢰하면 학생들이 프로젝트를 수행하면서 그때그때 필요한 지식을 체득한다. 서울에서도 네이버, SAP코리아, 소프트뱅크벤처스 등의 기업에서 프로젝트를 수행했다.

일반 대학교에서는 보통 정해둔 커리큘럼에 따라 강의실에서만 수업을 진행하기 때문에 현장에서 필요한 지식을 습득하는 데는 다소 거리가 있다. 그러나 미네르바스쿨은 현장에서 실질적으로 공부하는 시간을 늘려줌으로써 그 간극을 좁힌다. 전통적인 캠퍼스에서 배울 수 있는 것 이상의, 훨씬 더 풍부한 환경에서 다층적인 교육을 받는 셈이다.

전공은 예술인문학, 계산과학, 자연과학, 사회과학, 경영 등 5가지로 나뉘어 있다. 일반적인 대학보다는 단과대학 전공 분류에 가깝다. 복잡한 미래사회에서는 한 가지 학문 분야의 지식으로만 문제를 해결할 수 없다는 생각에 착안하여 융합전공 형태를 갖춘 것이다. 학년이 올라갈수록 보다 개별적이고 세분화된 주제를 가지고 프로젝트를 수행한다.

미네르바스쿨 학생들이 수업에 참여하는 모습

상호작용이 가능한 온라인 학습

온라인 강의의 장점은 언제 어디서나 강의에 참여할 수 있다는 점이다. 이렇게 모니터를 보고 학습하는 것은 인터넷 강의 시절에도 가능한 이야기였다. 그러나 학습에서 중요한 것은 무엇보다도 상호작용이다. 수강생이 딴짓을 하거나 딴 생각을 해도 티가 나지 않고, 수강생의 이해 여부를 교육자가 알 수 없다는 점은 인터넷 강의가 지닌 치명적인 약점이었다.

또 학습 과정에서 주입식 강의는 일방향식의 교수방법이다. 가르치는 사람의 관점에서만 보이기 때문이다. 지금까지의 교실은 한 교사가 여러 학생에 세심하게 집중할 수 없는 환경이었다.

하지만 미네르바스쿨은 학습의 방식을 어디에서든 같이 상호작용하며 공부할 수 있는 것으로 바꿨다. 미네르바스쿨이 이용하는 강의 툴이 바로 그렇다. 모든 수업은 미네르바스쿨에서 자체 개발한 온라인 '액티브 러닝 포럼Active Learning Forum' 이라는 플랫폼에서 이뤄진다. 이 시스템에서는 교수가 5분 연속으로 말할 경우 경고 알람이 울린다. 온라인이지만 학생들이 실질적으로 성장할 수 있도록, 서로 토론하는 데 대부분의 시간을 할애하려는 의지가 만들어 낸 작은 기능이다.

미네르바스쿨은 수업에 참여하는 학생 모두의 참여도가 전체 수업시간의 75%에서 80% 이상을 채우도록 한다. 이때 교수는 어떤 학생이 수업에 많이 참여했는지 모니터의 색깔을 보면 알 수 있다. 의견을 덜 말한 학생의 배경에는 초록색이 떠서 교수는 먼저 초록색 배경의 학생들에게 "너는 뭐가 이해가 안 되니?"라며 질문하거나 관심을 유도할 수 있다. 또한 원할 때마다 투표를 열어 의견을 모으고 그 결과를 바로 화면에 띄울 수도 있다. 영상통화 화면이 곧 칠판이자 회의용 테이블이 되는 셈이다.

미네르바스쿨이 가진 또 다른 특징은 수업 방식에 있다. 이들은 자신의 수업 방식이 전통적인 수업 방식과는 정반대라는 의미에서 '거꾸로 학습Flipped Learning'이라는 이름을 붙였다. 미네르바스쿨의 학생들은 수업 전 미리 15분가량의 짧은 강의를 듣는다. 이후에는 토론이나 과제 풀이를 진행하는 형태로 자신의 의견을 밝히거나 토론하는 데에 집중한다.[1]

학생들의 팀별 활동도 여느 대학과 다르다. 교수는 20명의 학생들이 각자 얼마만큼 다르게 생각하는지를 시각적으로 보여주고 같은 의견을 가진 학생들끼리 보고서를 작성하도록 제안한다. 이때 팀별로 따로 영상회의를 할 수 있으며 교수는 각각의 영상회의에 들어가 다른 조언을 전한다. 일반 강의실에서 조별로 활동할 때는 서로 자리를 옮기며 누구와 할지 팀을 정하는 데에서부터 시간이 걸리는 것과는 대조적이다.

수업에서 학생이 발표한 영상, 조별과제 때 작성한 자료 및 학기 중에 제출한 과제들은 모두 자동으로 기록된다. 이처럼 편리하게 모인 구체적인 데이터를 토대로 교수는 학생 한 사람마다 구체적인 피드백을 제공할 수 있다. 교수와 학생이 일대일 면담을 할 때도 좀 더 맞춤화된 상담이 가능하다. 교수가 단순히 성적만 가지고 학생을 상담하는 것이 아니라 수업시간을 녹화한 영상을 직접 보며 "지난 A수업에서 몇 분 대에 네가 말한 부분이 무척 인상적이었다"고 평가하는 것이다. 방대한 데이터를 빠짐없이, 그리고 명확히 정리해 축적하는 기술이 만들어 낸 변화다.

인공지능과 교육의 미래

시험을 통한 평가방식의 경우 학생들이 제출한 답에 의거하여 한 번에 결과를 평가한다. 그렇기 때문에 혹 학생이 찍어서 답을 맞추었더라도 그것이 정답이라면 점수를 가져가게 된다. 학생들의 정답률을 살펴보면 약 90%는 올바르게 생각해 풀어낸 경우인 데 반해, 나머지 10% 정도는 찍어서 맞춘 경우라고 한다. 문제를 틀린 경우에도 풀이하는 중간 과정이 잘못되었거나, 마지막 계산하는 과정에서 실수를 했을 수도 있다. 학생의 자세한 풀이과정을 알기 위해서는 주관식 문제처럼 일일이 직접 체크하는 것밖에 방법이 없었다. 그러나 인공지능이 충분히 개발된다면 이 과정에 대한 분석을 통해 좀 더 세세한 학습지도가 가능하게 될 것이다.

이와 같은 교수법은 사실 중세나 근대의 사교육 방식과 유사하다. 18~19세기 유럽에서 공립학교는 가난한 아이들이나 가는 곳이었다. 반면 귀족이나 부자는 가정교사를 뒀다. 하지만 현대에 들어와서는 대규모의 학생을 교육시켜야 했기 때문에 공립학교를 늘려 평균적이고 일률적인 교육을 실시할 수밖에 없었다. 한 명의 교사 앞에 너무 많은 학생이 앉아 있기 때문이다. 그러나 인공지능이 교육과 결합된다면 다수의 학생에 대한 다수의 맞춤 교육이 실현될 것이다.

인공지능은 학습자가 배우고 싶은 것을 적절한 난이도로 구성해 콘텐츠를 제공해 줄 수 있다. 예전에는 어떤 지식을 공부하기 전에 먼저 학습해야 할 내용이 무엇이고, 어떤 방식으로 공부해야 하는지를 파악하기 힘들었다. 인터넷 검색이 발달한 이후에도 배우고자 하는 내용이나 학습방식이 각 개인의 수준에 맞는 것인지 정확히 파악하기는 어려웠다.

학습자 개개인의 특성에 맞추어 교육을 제공하는 것을 어댑티브 러닝adaptive learning이라 부른다. 어댑티브 러닝은 학습자가 온라인 교육을 받을 때 내놓는 반응·데이터들을 종합해 현재의 이해도가 어떤지를 파악하는 시스템이다. 그리고 이에 따른 맞춤 콘텐츠를 함께 제공한다. 예를 들어 미분을 배우는 여러 방식이 있다면, 학습자의 상태에 따라 가장 적합한 설명 방식과 과정을 제시해 주는 것이다.

개인의 기록이 교육을 만든다

또 이제는 인공지능이 개인이 검색해 온 기록들을 기반으로 필요한 정보를 알아서 알려주기도 한다. 더 나아가 학습자의 상태와 원하는 목표를 분석해 공부 방식을 제안할 수도 있다. 예를 들면 한 개인에게 지금 어떤 능력과 관심사가 있으니, 어떤 것을 배우고 경험할 것인지 등의 진로 지도가 가능하다는 뜻이다.

2017년, 네이버가 인공지능을 비롯한 차세대 검색기술을 선보였는데 바로 인공지능 추천 시스템 '에어스AiRS'다. 네이버는 정교한 추천 시스템을 만들기 위해 사용자 특징, 콘텐츠 특징, 이용 패턴 등을 기준으로 '협력필터'를 만들었다. 이때 딥러닝 기술은 협력필터를 더욱 똑똑하게 만들어 주었다. 협력필터는 정보가 쌓일수록 더 정교한 결과 값을 보여준다. 다듬어진 필터를 활용함으로써 인공지능이 사용자에게 꼭 알맞는 정보를 제시하게 하는 것이다.

전 세계에서 가장 많은 유료 구독자를 보유한 영상 콘텐츠 제공회사 넷플릭스Netflix의 콘텐츠 중 75%는 추천을 통해 소비된다. 세계 최대의 온라인 유통회사인 아마존Amazon 역시 추천을 통해 발생한 매출이 전체의 35%에 이른다.[2)]

무한경쟁과 실전 교육

현재 한국 교육뿐만 아니라 세계 교육의 상당수는 대학 졸업 후 취업에 초점이 맞춰져 있다. 현실적으로 취업의 문제가 심각하기 때문이다. 때문에 학교 내에서의 교육보다 실무 현장에서 바로 적용할 지식이 요구되고 있다. 이처럼 사회 변화가 빠르다 보니 지식의 반감기 또한 빨라지고 있는 실정이다.

이것이 바로 미네르바스쿨의 교육모델이 주목받는 이유다. 온라인에서 기본지식을 습득한 후 오프라인으로 나가 직접 부딪히고, 같이 토론하며 실질적인 학습을 하는 것이다.

이처럼 새로운 교수 방법이 계속 등장하는 이유는 교육 역시 무한경쟁체제이기 때문이다. 그렇기 때문에 인공지능이 대체 가능한 여러 직업 중 교수 역시 안전하지만은 않다. 이제 지식을 얻을 수 있는 경로는 학교가 아니더라도 얼마든지 있다. 학생이 새로운 세상에서 성공적인 삶을 살아가도록 양질의 지식과 지혜를 제공하는 것이 학교의 기능이라면 지금도 이를 담당하는 곳은 경쟁적으로 늘어나고 있다. 이 경쟁에 학교가 도태되지 말라는 법은 없다.

지식기반 사회가 요구하는 창의성, 문제 식별 및 정의, 문제 해결, 설계 및 창조, 커뮤니케이션, 팀워크, 리더십, 감성적 상호작용, 소통, 공감 등의 역량을 교육하기 위해서는 파괴적 혁신이 필요하다. 학생들도 강의의 시청자로 안주하기보다 자신과 사회에 필요한 역량을 이해하고, 새로운 교육철학과 수업방식을 공유하는 창의적이고 능동적 학습자가 될 필요가 있다.[3]

특정 과학기술의 발달 때문이 아니더라도 교육은 시대에 맞게 바뀌어야 하는 것이 맞다. 4차 산업혁명의 도래와 동시에 인공지능과 빅데이터가 그 변화의 첨병 역할을 할 것은 분명할 것으로 보인다.

4차 산업혁명에 시대에
필요한 능력

새로운 시대의 새로운 경쟁력

그렇다면 인간이 교육을 통해 더 가치 있는 것을 만들며 살아남을 수 있는 길은 어디에 있을까? 인간의 역사는 곧 학습의 역사였다고 볼 수 있다. 뉴턴의 발견 이전에 인간은 중력을 제대로 이해하지 못했다. 지구가 둥글다는 사실을 알아낸 지도, 우주가 팽창하는 것을 밝혀낸 지도 생각보다 얼마 되지 않았다. 새로운 발견과 발명은 앞선 사람의 거듭된 경험과 지식 그리고 연구와 희생으로 쌓인 성과물 위에 탄생한다.

과거처럼 아무것도 없는 백지에서 새로운 것을 만들기란 이제 불가능한 시대다. 갑작스레 툭 튀어나온 것 같지만 들여다 보면 인간의 장기기억 보관소로부터 새로운 것이 만들어진 경우가 대부분이다. 그만큼 뇌 안에서 창조적인 개념이 만들어지려면 관련된 지식과 정보가 충분히 들어가 있어야 한다. 아무것도 없는 상태에서 새로운 것이 만들어질 수는 없다.

이제는 전문가가 되려면 예전보다 몇 배나 방대한 지식을 쌓아야 한다. 옛날에는 한 사람이 이 분야, 저 분야를 다 건드릴 만큼 지식의 넓이와 깊이가 좁고 얕았지만, 지금은 한 사람이 한 분야의 전문가가 되는 것도 힘든 현실이다. 이를테면 같은 뇌과학자라도 A박사가 하는 전문분야와 B지식인이 다루는 전문분야가 다르다. 각자의 분야가 더 세분화되고 더 깊어졌다. 이제는 협력을 통해 문제를 해결해 나가야 한다.

예컨대 새로운 반도체 기술을 개발하기 위해 재료공학자만 있어서는 안 된다. 물리, 화학, 전자공학 등 서로 다른 전문가들이 한데 모여서 머리를 맞대야 한다. 자동차도 마찬가지다. 옛날에는 기술자 한 명이 자동차 한 대를 직접 만들 수 있었다. 그러나 지금은 자동차 한 대 안에도 소프트웨어, 전자장치, 엔진 공학 등 세부적으로 연구해야 할 분야가 나뉘어 있다. 이제는 각 전문가들이 모여야 자동차 하나가 만들어진다. 지식의 깊이가 깊어지고 넓어질수록 하나의 문제를 해결하는데 더 많은 협업이 필요해진다. 협업 능력은 앞으로의 인재들에게 있어 꼭 필요한 자질이 될 것이다.

클라우스 슈밥 세계경제포럼 회장은 "4차 산업혁명은 모든 사회의 이해관계자들 간의 협업이 필요하다"고 강조하면서 "미래에 있어 좌우의 구별은 의미가 없다. 단지 미래를 적극 포섭하려는 열린 자세와 이를 배척하는 닫힌 자세가 있을 뿐"이라 말했다.[4] 4차 산업혁명 시대에 인간이 나아가야 할 길은 바로 창의적인 아이디어에 기반을 둔 협업체계다. 머리를 맞댈 때 만들어지는 새로운 아이디어는 4차 산업혁명 시대의 인간의 가치를 증명해 줄 것이다.

창의적 협업이란 무엇일까?

하버드 대학에는 아직도 흑색 칠판이 교내 곳곳에 설치돼 있다. 언제 어디서든 만나 토의하고, 토론하고, 해결책을 마련하라는 무언의 요구가 담겨 있다. 분야, 전공, 교수, 학생 등 기존의 프레임들이 칠판 앞에서 만나면 이런 무언의 요구에 이끌려 정해진 틀을 박차고 나와 새로운 연구 결과를 만들어 낸다. 이것이 바로 새로운 시대가 요구하는 창의적 협업이다.[5]

누군가는 이를 조합하고 정리해 각 분야를 포괄하는, 전체적인 하나의 과학을 정립해야 한다. 서로 다른 한 분야를 깊이 통달한 사람이 있다면 연관된 분야를 조금씩 알아서 서로 연결해 주는 역할이 필요한 것이다. 이에 따라 15~20년 사이 아주 중요하게 대두되고 있는 역할이 퍼실리테이터facilitator다. 각 전문가들을 연결해주고, 서로의 합의를 이끌어 내어 문제해결을 도와주는 촉진자라고 할 수 있다.

통섭의 의미도 중요하다. 소위 말하는 학제적 통찰력이 필요하다. 앞으로 사회적 쟁점 역시 여러 학문과 연관성을 가진, 복합적 주제가 될 것이기 때문이다.

하버드 대학에 설치된 칠판

　그렇다면 이런 학제적 통찰력은 어떤 방식으로 기를 수 있을까? 모든 학문 분야를 섭렵하겠다는 무모한 시도를 권하지는 않는다. 그보다는 근본적인 학문 하나를 선택해 그것의 기초를 깊이 있게 공부한 후, 나중에 필요한 경우를 대비해 특정 타 분야의 전문성을 학습할 수 있는 지적 유연성을 길러야 한다. 타 분야에 대한 관심의 끈을 놓지 않고 늘 대비해 두는 것이다. 본래의 학문에서 보다 넓은 지식을 활용해야 할 때 어떤 시각과 어떤 내용을 추가로 찾아야 할지를 짚어낼 줄 아는 근육을 단련할 필요가 있다.[6]

초지능을 만드는 힘

제리 카플란Jerry Kaplan 미국 스탠퍼드대 법정보학센터 교수
는 국내 언론과의 한 인터뷰에서 "당신이 맡은 모든 업무를
기계가 수행한다면 당신은 직업을 잃는 것이 맞다. 하지만 당
신이 맡은 일의 일부만 기계가 할 수 있다면 당신의 생산성은
향상된다"고 말했다. 영국 케임브리지 대학에는 "뉴턴을 잘
아는 학생이 아니라, 뉴턴처럼 생각하는 학생으로 길러내는
교육이 필요하다"는 문구가 적혀 있다.[7]

기계가 아무리 진화해도 인간의 삶 전부를 대신 살아내진
못할 것이다. 기계가 인간의 삶에 최적화되어 진화하기는 쉽
지 않을 것이다. 인간은 수백만 년을 살아오면서 그에 맞게 진
화한 생명체다. 그렇기에 아무리 인공지능이 발달한다 해도
단시간에 인간을 뛰어넘지는 못할 것이다.

인간의 놀라운 창조 능력이 그 예이다. 창의력이란 문제에
부딪혔을 때 새로운 방식을 생각할 줄 아는 능력이다. 이때 정
해둔 틀 안에서 움직이는 데 국한되지 않고 틀 밖으로 튀어나
가는 엉뚱한 시도를 할 수 있어야 한다. 인간은 인간이기 때문
에 밑도 끝도 없이 도전할 수 있다. 이것이 인공지능과 차별화
되는 인간의 능력이다. 문제를 잘 푸는 것만으로는 인공지능
을 이길 수 없다. 앞으로 100년을 살아가야 할 미래를 걱정한
다면 이제는 똑같은 답을 알아오는 대신 타인에게 없는 자신
만의 질문을 스스로 찾아야 한다.

또 창의적이기 위해서는 사회적 인간이 되어야 한다. 창의는 절대 혼자서 완성할 수 있는 것이 아니기 때문이다. 자신만 아는 독불장군보다는 사회와 상호작용하며 환경에 적합한 정보를 생산할 줄 아는 사람이 훨씬 더 유리한 게임이다.^A)

추론 능력도 인간이 가질 수 있는 강점이다. 인간은 추론 면에서 인공지능보다 뛰어나다. 인공지능이 고양이를 인식하려면 고양이의 사진이나 영상을 보아야만 할 수 있지만, 인간은 고양이를 묘사하는 대화만 듣고서도 고양이의 모습을 상상할 수 있다. 인공지능에게는 아직 이와 같은 추론 능력이 없다.

문제 설정 능력과 문제 해결 능력 또한 인간이 기계와 잘 구별되는 능력 중 하나이다. 인공지능은 문제를 먼저 설정하지 못한다. 인공지능이 문제해결에는 더 탁월할 수 있지만 문제를 문제라고 인식하는 것과 어떻게 설정해 풀어낼지를 정하는 일은 결국 인간의 몫이다.

만일 인간이 이런 몫을 똑똑히 해내는 동시에 나머지 부족한 면을 기계가 보완해 준다면 어떨까? 서로의 상호작용을 바탕으로 초지능을 지닌 더 나은 인류가 더 나은 사회를 만들 수 있지 않을까? 물론 긍정적인 측면에서 바라볼 때의 상상이다.

정리하기
교육 문제

1. 2011년 개교한 미네르바스쿨이 새로운 개념의 대학으로 떠오르고 있다. 미네르바스쿨의 학생들은 매 학기 전 세계 주요 도시를 옮겨 다니며 각 나라의 문화를 배우고 그곳의 기업과 협업해 실무경험을 쌓는다. 수업은 온라인을 통해 학생들끼리 서로 토론하는 방식이 주를 이루며, 이 과정에서 쌓인 데이터는 명확하게 정리되어 교수가 학생을 입체적으로 평가하는 데 쓰인다.

2. 중세나 근대에 가정교사가 상류층 자녀들에게나 해 주던 맞춤형 교육이 이제는 인공지능을 통해 모든 학생이 누릴 만한 서비스로 변화하고 있다. 하루가 다르게 변해가는 세상에 대응하고자, 대학들도 기존보다 나은 교육 서비스를 제공하기 위한 무한 경쟁에 뛰어들었다. 우리는 교육도 혁신하지 않으면 도태되는 시대에 살고 있다.

3. 4차 산업혁명 시대에 인간이 길러야 할 능력은 인공지능이 당장 가지지 못할 능력이다. 스스로 문제를 설정하고 어떻게 이를 해결할지를 정하는 능력은 인공지능이 아직 갖추지 못한 능력이다. 자신만의 질문으로 창의력을, 아직은 인간만이 지닌 추론 능력을

기를 때, 인공지능으로는 대체할 수 없는 가치를 지닌 인재로 남을 것이다. 또한, 인공지능으로 인해 넓어지고 깊어진 지식에 대응하여 새로운 발명 및 발견을 이끌기 위해서는, 다양한 분야의 전문가들이 머리를 맞대어 해결하는 협업이 필수적이다.

뇌과학이 인간을 암기에서 해방시킬까?

외우기를 싫어하는 사람들은 4차 산업혁명 시대가 오면 암기할 필요가 없어질 것이라 내심 기대한다. 정말 암기는 필요 없는 것일까?

지식을 뇌에 직접 집어넣는 일은 이론적으로는 가능하다. 외부에 산재한 지식을 뇌에서 통용되는 뇌 언어로 번역해 만들어서 직접 집어넣으면 될 일이다. 일론 머스크는 2장에서 언급한 뉴럴 레이스를 만들어 내기 위해 뉴럴링크를 창업해 지금껏 몰두하고 있다. 인간의 뇌를 읽고 쓸 수 있는 외장메모리를 만들고 뉴럴 레이스를 인간의 뇌에 삽입해 정보를 집어넣기도 하고 끄집어내기도 하려는 것이다. 이렇게 두뇌를 강화시켜 인간과 기계의 공생을 도모하고자 하는 것이 그의 목표다.[8]

이 시도가 언제 실현될지는 알 수가 없다. 이 기술을 만들어 내려면 컴퓨터 언어를 배우듯 기본적으로 뇌 언어를 정확히 이해해야 한다. 이를 완벽하게 해독할 수만 있다면 반대로 뇌의 신호를 인위적으로 만들어 장기기억과 단기기억으로 변환하는 역할을 맡는 해마에 집어넣으면 된다.

그러나 지금은 뇌 언어가 무슨 뜻인지 전혀 모르기에 어떤 이야기로도 더 나아갈 수 없다. 지금으로서는 뇌의 신호를 디지털 신호처럼 2진수로 잡아내는 것까지만 가능하다. 물론 그 의미가 무엇인지는 알지 못한 채 말이다. 뇌 신호의 주기나 패턴을 보면 어떠한 의미가 있는 것 같다고는 여겨지지만 우리의 발견은 아직 여기까지다.

**"The future is already here —
It's just not very evenly distributed."**

"미래는 이미 와 있다.
단지 널리 퍼져있지 않을 뿐이다."

윌리엄 깁슨William Gibson

맺음말

4차 산업혁명의 미래는
결국 사람이다

지금까지 4차 산업혁명의 의미와 4차 산업혁명 시대를 이끄는 주요 과학기술들에 대해 알아보았다. 4차 산업혁명은 1~3차 산업혁명에 이어 과학이 일으킨 또 하나의 기술 혁신이자, 사회상을 점차 변화시킨 하나의 혁명이다.

4차 산업혁명을 만드는 과학기술의 중심에는 인공지능과 사물인터넷이 있다. 4차 산업혁명은 자율주행과 스마트시티, 스마트팩토리, 스마트팜 등을 통해 교통과 도시, 공장의 모습은 물론 먹거리 생산과 유통 현장을 눈에 보이지 않는 곳에서부터 조금씩 변화시키고 있다. 이런 의미에서 4차 산업혁명은 어느날 갑자기 닥칠 혁명적인 사건이 아니라 이미 시작된 미래이다.

유전자 공학과 인공지능의 결합은 의료 기술의 혁신적인 변화로 인류의 수명과 삶을 근본적으로 바꿀 것이다. 이러한 새로운 삶의 방식을 대비하기 위한 준비가 필요하다.

또한 하나뿐인 지구에서의 생존을 위해 에너지 문제는 더 이상 먼 미래의 과제가 아니게 되었다. 4차 산업혁명은 폭발적인 에너지 사용을 가져올 것이고 에너지 사용에 의한 환경오염, 특히 지구온난화의 문제에 대한 당장의 해결 없이는 4차 산업혁명의 미래를 낙관할 수 없다.

인공지능의 시대에 과학 전문가들이 예상하는 인재의 모습은 역설적이게도 인간적이다. 창의성을 기반으로 협업하는 소통 능력과 문제를 설정하고 해결하는 능력. 이처럼 기계가 대체할 수 없는, 인간만이 할 수 있는 역량이 더욱 중요해질 것이기 때문이다. 4차 산업혁명의 핵심은 과학이지만 4차 산업혁명의 미래는 결국 사람이다.

찾아보기

1장

문헌 출처

1) 4차 산업혁명 시대 교육의 방향 - 권정민, 한국정보화진흥원

2) 『슈뢰딩거의 고양이』 에른스트 페터 피셔

3) [IT 이야기] 앨런 튜링 - 천지일보

4) 인공지능과 수학은 무슨 상관이 있을까? - EBS

5) 주문형 반도체 공정의 관리방법 연구 및 구현 - 산업자원부

6) 데이터센터는 '전기 먹는 하마'…당신이 인터넷 하면 CO_2 '솔솔' - 한겨레

도서 출처

A) 『세상의 미래』 이광형, 179쪽

B) 『과학의 지평』 변재규, 156쪽

C) 『뇌를 바꾼 공학 공학을 바꾼 뇌』 임창환, 230쪽

D) 『냉장고의 탄생』 톰 잭슨, 339쪽

E) 『우연에 가려진 세상』 최강신, 352쪽

2장

문헌 출처

1) 판례 찾아주는 AI 변호사…'리걸 테크' 확산 - YTN

2) 인공지능과 기계지능, 인지주의 인공지능 - 장병탁

3) 인공지능은 인간의 감정을 모방할 수 있을까 - 남주한

4) 『특이점이 온다』 레이 커즈와일

5) 제퍼디 퀴즈왕 이긴 '왓슨' 생각의 기술까지 배웠다 - 중앙일보

6) 왓슨 국내 도입 2년… '열풍' 식고 '숙제' 쌓여 - 한국일보

7) ICT업계의 AI '인재전쟁' - 뉴스핌

8) 인공지능 전문가 턱없이 부족 - NDSI

9) 『리틀 브라더』 코리 닥터로우, p.146

10) 중국 AI 범죄자 추적 시스템 "천망" 물의 - 로봇신문사

11) 머스크, 인간 뇌와 컴퓨터 연결하는 '뉴럴링크' 설립 - 연합뉴스

12) 美·EU, 인공지능 관련 '법 규범' 수립 추진 - 뉴스비전ε

도서 출처

A) 『다빈치가 된 알고리즘』 이재박, 180쪽

B) 『뇌를 바꾼 공학 공학을 바꾼 뇌』 임창환, 222쪽

C) 『다빈치가 된 알고리즘』 이재박, 183쪽

D) 『세상의 미래』 이광형, 157쪽

E) 『세상의 미래』 이광형, 97쪽

F) 『티타임 사이언스』 강석기, 34쪽

G) 『바이오닉맨』 임창환, 208쪽

H) 『세상의 미래』 이광형, 174쪽

I) 『바이오닉맨』 임창환, 160쪽

J) 『투모로우랜드』 스티븐 코틀러, 46쪽

K) 『뇌를 바꾼 공학 공학을 바꾼 뇌』 임창환, 42쪽, 244쪽

L) 『뇌를 바꾼 공학 공학을 바꾼 뇌』 임창환, 19쪽

3장

문헌 출처

1) 자율주행차, 어디까지 왔나? 심야의 고속도로를 자율주행으로 달리다 – HMG저널

2) 미래차 강국 도약을 위한 범정부 전략 마련 - 산업통상자원부

3) 자율주행 자동차가 절대로 자율주행을 하지 못하는 이유 - ITWorld

4) 자율주행·군집주행 운전자의 패러다임 바꾼다 - 상용차신문

5) 딥러닝 기반의 인공지능 자율주행 기술 경쟁의 핵심을 바꾼다 - 이승훈

6) "자율주행車 사고 땐 운전자 책임"… 제조사 손 들어준 日 - 한국경제

도서 출처

A) 『세상의 미래』, 이광형, 189쪽

B) 『세상의 미래』, 이광형, 190쪽

C) 『세상의 미래』, 이광형, 191쪽

D) 『세상의 미래』, 이광형, 191쪽

4장

문헌 출처

1) 4차산업혁명과 제조혁신 : 스마트팩토리 도입과 제조업 패러다임 변화 -
   삼정KPMG경제연구원

2) 제4차 산업혁명의 전개와 센서산업 - 정보통신산업진흥원

3) 센서 기술, 4차 산업혁명 이끈다 - 사이언스타임즈

4) 용접 자동화 '눈' 개발…조선·기계 생산비 낮춘다 - 동아사이언스

5) 용접자동화의 눈, '레이저 비전 센서' 개발 - 한국생산기술연구원 웹진

6) 로봇이 노동자 일자리 위협? 이젠 옛말…英노조 "친구 가능" - 연합뉴스

도서 출처

A) 『세상의 미래』, 이광형, 147쪽

B) 『사소한 것들의 과학』, 마크 미오도닉, 299쪽

C) 『바이오닉맨』, 임창환, 71쪽

5장

문헌 출처

1) 주차 위성서비스·와이파이 가로등··· '스마트 도시' 바르셀로나 - 조선비즈
2) 삼성-LG전자, IoT 기반 스마트빌딩 솔루션 제시 - 한국경제TV
3) 지능형 cctv, 송도의 안전을 업그레이드 하다 - 도민일보
4) 스마트시티 프라하 참여의 길이 열린다 - 해외시장뉴스
5) 빅데이터를 이용한 교통계획: 심야버스와 사고줄이기 - 서울시립대학교
6) "서울, 세계 스마트시티 6위···1위는 싱가포르" - 사이언스타임즈
7) 지속가능한 서울 스마트시티 - 서울시청
8) "부산 스마트시티, 세계 최초 플랫폼 도시로 만들 것" - 경향비즈
9) 도시혁신 및 미래성장동력 창출을 위한 스마트시티 추진전략 - 4차산업 혁명위원회
10) 노원 에너지제로주택 - 노원구
11) 냉난방비 0원 "슈퍼그뤠잇" 노원구 '에너지제로주택' 가 보니 - 중앙일보
12) 개인정보 유출, '가명정보'로 막을 수 있을까 - 한국스포츠경제
13) 인간-컴퓨터 상호작용 - HRD 용어사전
14) 4차산업혁명시대 헬스케어 집중 육성·돌봄 로봇 보급 확대 - YTN
15) 초연결 초지능 사회① 가족관계가 바뀐다 - 동아사이언스

도서 출처

A) 『스마트 시티』 앤서니 타운센드, 16쪽
B) 『스마트 시티』 앤서니 타운센드, 31쪽
C) 『스마트 시티』 앤서니 타운센드, 53쪽
D) 『스마트 시티』 앤서니 타운센드, 55쪽
E) 『사이언스 칵테일』 강석기, 255쪽

6장

문헌 출처

1) 정보 통신 기술 – Basic 중학생을 위한 기술·가정 용어사전

2) 전 세계 농식품 수출 2위 강국 네덜란드, 그 비결은 스마트팜에 있다 – 해외시장뉴스

3) 농업의 4차 산업혁명 '스마트팜' – 사이언스타임즈

4) 도축 품질 자동몰이 CO_2 질식기로 제고 – 농수축산신문

5) 미래의 스마트 팜 농법 – 미주 한국일보

6) 미래 농업의 모습, 스마트 팜-② 첨단 기술 집약하는 해외기업들 – 아시아타임즈

7) 인터넷이 없는 농부들을 위한 글로벌 정보 네트워크, 위팜 – 인사이드

8) IT와 농업의 만남, 스마트팜 이야기 – 소프트웨어중심사회

9) 스마트팜: 흙없이 95%의 물을 절약하여 농사짓는 실내수직농장 – suda365.kr

10) 농가인구와 농가 수 감소 심각하다 – 한국농어민신문

11) 다국적 기업 종자전쟁, 남의 일 아니다 – 중앙일보

12) 종자전쟁 우리는 왜 종자 약소국이 됐나 – 중앙일보

13) '종자 전쟁' 승자가 미래 농업 지배 – 시사저널

14) 스마트 팜 기술로 '도시농부' 탄생 – 사이언스타임즈

도서 출처

A) 『과학의 지평』 변재규, 6쪽

B) 『다빈치가 된 알고리즘』 이재박, 297쪽

C) 『생명과학의 기원을 찾아서』 강석기, 162쪽

D) 『사이언스 칵테일』 강석기, 193쪽

E) 『모든 진화는 공진화다』 박재용, 151쪽

F) 『기생』 서민 정준호 외, 179쪽

7장

문헌 출처

1) 유전자지도 - 한국민족문화대백과사전

2) 영국, 5년도 안 걸려 10만명 게놈 해독 완료…성공 비결은? - 동아일보

3) 내 뿌리찾기 DNA 테스트 해보니 … 1% 아메리칸 인디언 - 중앙일보

4) 울산 만명 게놈 프로젝트 홈페이지

5) 인천대 1만 명 유전체 정보 구축…휴먼프로젝트 가동 - 중앙일보

6) 'DNA 혁명' 크리스퍼, 우린 얼마나 알고 있나? - 프레시안

7) 유전자 가위 세기의 특허戰 종지부… "최후 승자는 MIT·하버드대" - 동아사이언스

8) 30억 DNA 중 돌연변이 1개만 골라 싹둑… 난치병 정복 첫발 - 동아사이언스

9) IBS-서울대병원, 눈에 직접 주입하는 유전자 치료법 개발 - 기초과학연구원

10) 황반변성을 위한 새로운 유전자 치료법 - NDSl

11) 유전자 편집의 힘, 마음만 먹으면 '맞춤형 아기'도 가능 - 중앙일보

12) 생명윤리 및 안전에 관한 법률 - 국가법령정보센터

13) KISTI의과학향기::DNA로 정보를 저장하는 시대 올까 - NDSl

14) 늘어나는 데이터, DNA에 간편 저장 - 사이언스타임즈

도서 출처

A) 『투모로우랜드』 스티븐 코틀러, 64쪽

B) 『게놈 혁명』 이민섭, 18쪽

C) 『니콜라스 볼커 이야기』 마크 존슨 · 케이틀린 갤러거, 11쪽

D) 『과학을 취하다 과학에 취하다』 강석기, 18쪽

E) 『게놈 혁명』 이민섭, 342쪽

F) 『게놈 혁명』 이민섭, 352쪽

G) 『투모로우랜드』 스티븐 코틀러, 256쪽

H) 『게놈 혁명』 이민섭, 100쪽

8장
문헌 출처
1) OECD 자료로 살펴본 세계 에너지 현황 – 한국과학기술기획평가원
2) 풍력단지는 최상위 포식자, 주변 먹이그물 '휘청' – 한겨레
3) 핵융합은 왜 어려울까? – 국가핵융합연구소

도서 출처
A) 『멸종』 김시준 김현우 외, 212쪽
B) 『사라져가는 것들의 안부를 묻다』 윤신영, 48쪽
C) 『멸종』 김시준 김현우 외, 14쪽
D) 『멸종』 김시준 김현우 외, 38쪽
E) 『스마트 시티』 앤서니 타운센드, 385쪽
F) 『사라져가는 것들의 안부를 묻다』 윤신영, 46쪽
G) 『컴패니언 사이언스』 강석기, 225쪽
H) 『사이언스 소믈리에』 강석기, 125쪽
I) 『사이언스 소믈리에』 강석기, 293쪽
J) 『스마트 시티』 앤서니 타운센드, 67쪽
K) 『스마트 시티』 앤서니 타운센드, 76쪽
L) 『투모로우랜드』 스티븐 코틀러, 132쪽
M) 『2030 화성 오디세이』 최기혁 김영효 외, 181쪽, 184쪽

9장
문헌 출처
1) 세계 대학교육의 도전적 미래 '미네르바스쿨' – 베리타스알파

2) 네이버는 왜 '검색+AI'에 공을 들일까 - ZDNet코리아

3) 4차산업혁명과 대학 교육 - 이태억

4) "4차 산업혁명, 모든 이해 관계자 협업 필요"…대법, 국제법률 심포지엄
   개최 - 중앙일보

5) '다큐프라임', 4차 산업혁명 시대 교육의 새 패러다임... 수능 제도나 고칠
   때 아냐 - 미디어스

6) 4차 산업혁명 시대의 사람 중심 과학기술 연구와 미래인재상 - 이상욱

7) 4차 산업혁명시대, AI가 하지 못할 일을 찾아라 - SKT Insight

8) 머스크, 인간 뇌와 컴퓨터 연결하는 '뉴럴링크' 설립 - 매일경제

도서 출처

A) 『다빈치가 된 알고리즘』, 이재박, 219쪽

4차 산업혁명
문제는 과학이야

초판 1쇄 인쇄 2019년 2월 12일
초판 5쇄 발행 2023년 1월 20일

지은이 박재용·서검교 윤신영 임창환
엮은이 MID 사이언스 트렌드
펴낸곳 MID(엠아이디)
펴낸이 최종현

기획 김동출 박주훈
정리 장지원
편집 최종현
교정 김한나
디자인 이창욱

주소 서울특별시 마포구 신촌로 162, 1202호
전화 (02) 704-3448   **팩스** (02) 6351-3448
이메일 mid@bookmid.com **홈페이지** www.bookmid.com
등록 제2011 - 000250호

ISBN 979-11-87601-88-3 03500